W0364906

BARTAGAMEN

Die Gattung *Pogona*

Artgerechte Haltung, Pflege und Zucht

Peter Maria Müller

Terrarien Bibliothek
Natur und Tier - Verlag

Bildnachweis Umschlag
Titelbild: *Pogona vitticeps*
Hintergrund: Rückenbeschuppung von *Pogona vitticeps*
Fotos: P.M. Müller

Die in diesem Buch enthaltenen Angaben, Ergebnisse, Dosierungsanleitungen etc. wurden von den Autoren nach bestem Wissen erstellt und sorgfältig überprüft. Da inhaltliche Fehler trotzdem nicht völlig auszuschließen sind, erfolgen diese Angaben ohne jegliche Verpflichtung des Verlages oder der Autoren. Beide übernehmen daher keine Haftung für etwaige inhaltliche Unrichtigkeiten.

Alle Rechte, insbesondere das Recht der Vervielfältigung und Verbreitung sowie der Übersetzung, vorbehalten. Kein Teil des Werkes darf in irgendeiner Form (Druck, Fotokopie, Mikrofilm oder andere Verfahren) ohne schriftliche Genehmigung des Verlages reproduziert oder unter Verwendung elektronischer Systeme verarbeitet, gespeichert oder vervielfältigt werden.

ISBN 978-3-86659-094-6

© 2010 Natur und Tier - Verlag GmbH
An der Kleimannbrücke 39/41
48157 Münster
Geschäftsführung: Matthias Schmidt
Lektorat: Mike Zawadzki & Axel Kwet
Layout: Ludger Hogeback - hohe birken
Druck: Alföldi, Debrecen, Ungarn

Inhaltsverzeichnis

Vorwort

Alljährlich werden Tausende Bartagamen im Zoofachhandel, auf Reptilienbörsen oder über Kleinanzeigen im Internet angeboten. In erster Linie handelt es sich um Streifenköpfige Bartagamen (*Pogona vitticeps*) und auch – wenngleich viel seltener – Schwarzerde-Bartagamen (*P. henrylawsoni*). Mitchells Bartagame (*P. mitchelli*) wird kaum angeboten, und Bartagamenarten der restlichen Gattungsvertreter werden in Europa gar nicht gehandelt. Wegen ihres ruhigen Wesens und der Bereitschaft der meisten Tiere, sich problemlos auf die Hand nehmen zu lassen, werden Bartagamen oftmals dem Anfänger in der Terraristik empfohlen. Trotz dieser Empfehlung sollte man nicht zu sorglos mit den Agamen umgehen.

Mittels dieses Buches möchte ich den aktuellen Wissensstand über die Gattung *Pogona* wiedergeben und hoffe, auch für Neulinge in der Terraristik eine verständliche Darstellung gewählt zu haben. Das Buch soll ein Leitfaden sein, der seinen Teil zu einem möglichst langen und gesunden Leben der Agamen beiträgt und somit dem interessierten Leser eine lange Freude an seinen Tieren ermöglicht. Weiterhin soll es ein solides Basiswissen vermitteln. Diese Zielsetzung kann und will den einzelnen Leser jedoch nicht davon befreien, Grundlagen der Terraristik sowie spezielles, zusätzliches Wissen über Bartagamen selbst zu erarbeiten. Da dies primär über weitere Literatur geschehen wird, habe ich das Literaturverzeichnis zum bislang umfangreichsten Quellenverzeichnis der Gattung *Pogona* erweitert.

Peter Maria Müller
Karlsruhe, im Frühjahr 2010

***Pogona vitticeps* gehört zu den beliebtesten Terrarientieren.**
Foto: R. Pesch

1. Allgemeines

Bartagamen (von den australischen Ureinwohnern „Matayarrpa“ oder „Japantarra“ genannt) sind in fast ganz Australien anzutreffen. Die Gattung *Pogona* besteht aus den acht Arten *P. barbata* (Cuvier, 1829), *P. henrylawsoni* Wells & Wellington, 1985, *P. microlepidota* (Glauert, 1952), *P. minima* (Loveridge, 1933), *P. minor* (Sternfeld, 1919), *P. mitchelli* (Badham, 1976), *P. nullarbor* (Badham, 1976) und *P. vitticeps* (Ahl, 1926). Für die Terraristik ist *Pogona vitticeps* von primärem Interesse, *P. henrylawsoni* findet sich ebenfalls noch in relativ großer Anzahl in den Terrarien, und *P. mitchelli* ist bereits als selten einzustufen. Die anderen fünf Arten sind bei uns derzeit nicht in der Terrarienhaltung vertreten.

Bartagamen sind heliophile (sonnenliebende) Vertreter der Echsen, die einen großen Teil des Tages am Boden verbringen, aber auch gut klettern können. Kennzeichnende Merkmale sind neben dem namensgebenden, abspreizbaren Bart ein breiter, dreieckiger Kopf, ein relativ langer, abgeflachter Körper mit relativ kurzem Schwanz, stachelförmige Schuppen am Kopf sowie an den Flanken und ein deutlich sichtbares Tympanum (Trommelfell).

Kennzeichnende Merkmale der Bartagamen sind, wie hier bei *Pogona vitticeps*, ein breiter, dreieckiger Kopf, ein relativ langer, abgeflachter Körper mit relativ kurzem Schwanz, stachelförmige Schuppen am Kopf und an den Flanken sowie ein deutlich sichtbares Trommelfell.
Foto: P.M. Müller

Pogona mitchelli **wird derzeit noch selten in unseren Terrarien gepflegt.** Foto: R. Pesch

Zum Schutz der australischen Flora und Fauna sind derzeit keine Pflanzen- und Tier-Exporte aus Australien zugelassen. Hierdurch gelangen auch keine Wildfänge von Bartagamen außer Landes, und die Terrarienpopulationen außerhalb Australiens sind deshalb ausschließlich auf Nachzuchten angewiesen. Die acht Vertreter der Gattung *Pogona* unterliegen derzeit keinen besonderen Schutzbestimmungen wie z. B. dem Washingtoner Artenschutzabkommen (WA) oder der Bundesartenschutzverordnung (BArtSchV). Somit sind alle Bartagamen in Deutschland nicht meldepflichtig.

Habitat von *Pogona vitticeps* südlich von Alice Springs, Northern Territory, Australien Foto: P.M. Müller

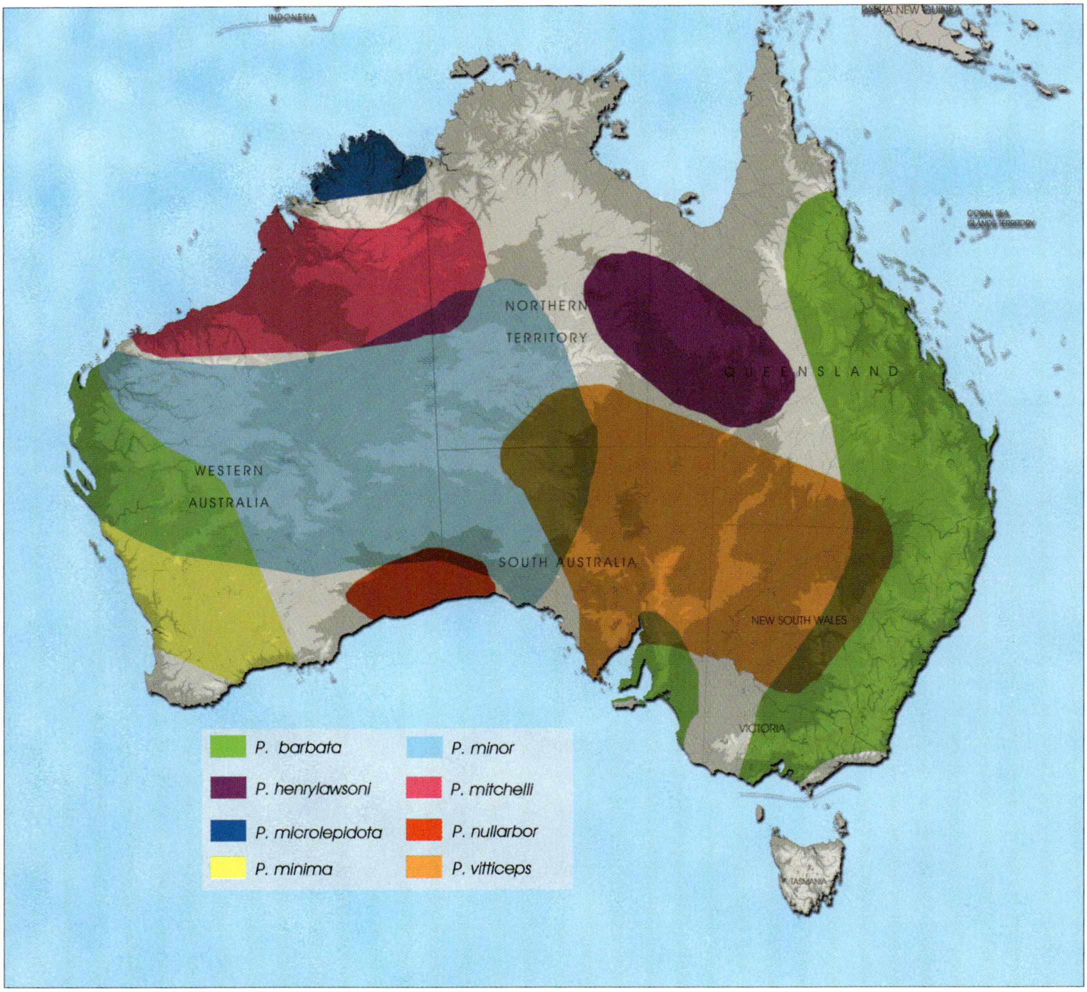

Verbreitung der einzelnen Arten der Gattung *Pogona* (nach Cogger 2000)

Bartagamen besitzen kräftige Krallen. Foto: K. Kunz/A. Calgua

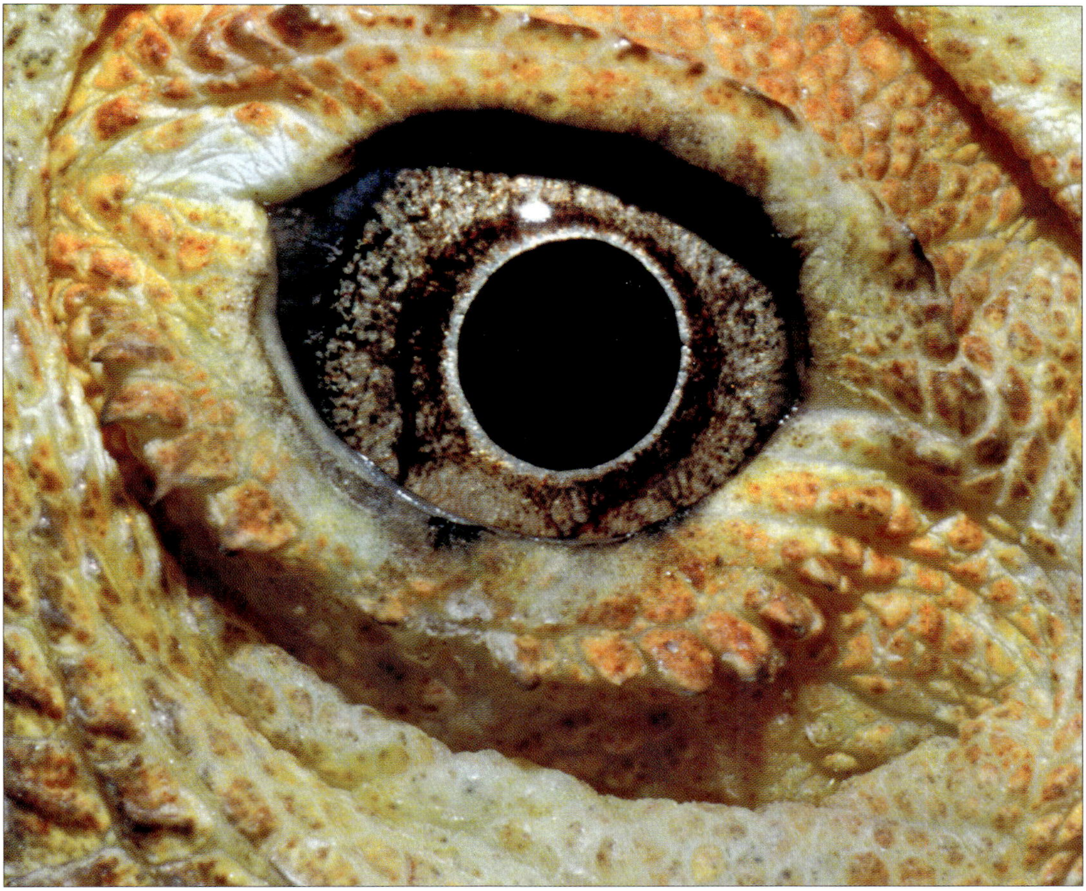

Bartagamen verfügen über einen ausgezeichneten optischen Sinn – Auge von *Pogona vitticeps*. Foto: P.M. Müller

Bartagamen besitzen einen ihrer Lebensweise angepassten Körperbau. Der Körper ist abgeflacht und lässt sich durch seitliches Abspreizen der Rippen vergrößern, sodass durch die größere Oberfläche die Vorzugstemperatur schneller erreicht oder der Körper zur Abschreckung vergrößert werden kann. Die Gliedmaßen sind kräftig, und an jedem Bein findet sich eine Pfote mit fünf Zehen. An den Enden der Zehen befinden sich gut ausgeprägte scharfe Krallen, sodass Bartagamen gleichermaßen zum Graben und Klettern befähigt sind.

Die Augen sitzen leicht erhöht an der seitlichen Kopfkante und nehmen auch auf größere Entfernungen alles wahr. Selbst kleine Insekten von wenigen Millimetern Größe, die das Interesse der Agamen wecken, werden noch in einem Abstand von mehreren Metern entdeckt. Die Ohröffnung ist zwar bei allen Arten deutlich ausgebildet, insgesamt aber reagieren Bartagamen kaum auf akustische Reize, Jungtiere immerhin noch etwas stärker als adulte Tiere.

Die Zähne befinden sich auf der Kieferoberkante (akrodonte Bezahnung). Bis auf die vorderen Zähne werden bei einem eventuellen Verlust keine Zähne ersetzt, sodass im

Der Bart wird mit Hilfe des Zungenbeins abgespreizt und kann bei Erregung schwarz gefärbt werden. Fotos P.M. Müller

Agamen besitzen eine akrodonte Bezahnung, d. h., die Zähne befinden sich direkt auf der Kieferoberkante.
Foto: P.M. Müller

Laufe der Zeit Lücken im Gebiss entstehen können. Die seitlichen Zähne sind im Querschnitt annähernd dreieckig und laufen zur Kaufläche hin spitz aus. Die Bezahnung an der Kiefervorderkante ist kegelförmig und ebenfalls spitz auslaufend, die Bezahnung im hinteren Kieferbereich wird mit zunehmendem Alter stumpfer.

Der Bart wird mit Hilfe des Zungenbeins abgespreizt (KÄSTLE 1973; THROCKMORTON et al. 1985). Das Abspreizen erfordert das Zusammenspiel der Muskeln und knöchernen Strukturen des Zungenbeins: Durch eine Streckung der vorderen Zungenbeinmuskulatur wird die knöcherne Struktur zur Seite und nach unten gedrückt, wodurch sich die umgebende Kehlhaut spannt. Dieser Effekt wird optisch verstärkt, indem sich die Stachelschuppen der Kehlhaut durch die Spannung der Haut aufrichten. Ein Öffnen des Mauls ist beim Bartspreizen nicht erforderlich.

Die Beschuppung der Bartagamen besteht aus kleineren und größeren Schuppen, wobei die größeren Hornschilde überwiegen. Größere Schuppen sind vielfach noch leicht gekielt. Analog zum Dornteufel *Moloch horridus* liegt die Vermutung nahe, dass die Schuppen teilweise eine kapillare Wirkung besitzen (wenn auch mit Sicherheit bei weitem nicht so ausgeprägt wie bei *M. horridus*) und den Transport von Flüssigkeit über den Körper bis zu den Maulspalten unterstützen

Pogona barbata Foto: G. Schmida

(Gans et al. 1982). Diese Vermutung wird durch die Verhaltensweise unterstützt, dass Bartagamen bei einem Benetzen mit Wasser den Körper abflachen und den vorderen Teil schräg nach unten neigen (Fitzgerald 1983; eigene Beobachtungen). Bei Tieren, die ein solches Benetzen mit Flüssigkeit nicht mehr gewohnt sind, verliert sich diese Verhaltensweise aber. Stehen Bartagamen längere Zeit (mehrere Stunden) mit den Beinen im Wassernapf, sinkt der Wasserspiegel deutlich sichtbar (eigene Beobachtungen). Offensichtlich kann die Haut Wasser in einer nicht unbeträchtlichen Menge aufnehmen und transportieren.

Werden Bartagamen von Fressfeinden (Prädatoren) bedroht, so wenden sie das sogenannte „Einfrieren“ (freezing) als Taktik an (Greer 1989): Sie verharren bewegungslos, bis die vermeintliche Bedrohung vorüber ist. Werden frei lebende Bartagamen von einem Menschen ergriffen, setzen sie sich durch Abwehrbisse und Schwanzschläge zur Wehr (Saville-Kent 1897).

2. Artbeschreibungen

Bestimmungsschlüssel (verändert nach Cogger [2000]):

1 Am Übergang vom Rücken zum Bauch eine abgrenzende regelmäßige Reihe von vergrößerten, konischen Stachelschuppen (a) 2
Am Übergang vom Rücken zum Bauch mehrere Reihen von Stachelschuppen, die ein hinter der Achsel beginnendes Band bilden (b) 5

2 Keine vergrößerten, über das Zentrum des Kehlbereiches verlaufende Stachelschuppen (c) 3
Vergrößerte, über das Zentrum des Kehlbereiches verlaufende Stachelschuppen (d) .... *vitticeps*

3 Vergrößerte Stachelschuppen an der hinteren Kopfkante, die sich unregelmäßig mit kleineren Stachelschuppen abwechseln 4
Vergrößerte Stachelschuppen an der hinteren Kopfkante, die, deutlich erkennbar, gleichmäßig durchlaufen und kräftig ausgebildet sind (f) .... *mitchelli*

4 Eine zusätzliche, beiderseits der Wirbelsäule verlaufende Reihe von Stachelschuppen im Nacken (g) .... *minima*
Keine parallel zur Wirbelsäule verlaufende Reihe von Stachelschuppen, meist Anhäufung von Stachelschuppen am Nackenende (e) 7

5 Vergrößerte Stachelschuppen über dem Kehlhautzentrum (d) 6
Keine vergrößerten Stachelschuppen über dem Kehlhautzentrum (c) .... *microlepidota*

6 Deutliche weiße Streifen auf Rücken und Schwanz .... *nullarbor*
Kein deutlicher weißer Streifen auf Rücken und Schwanz .... *barbata*

7 Bis zu 18 lamellenartig überlappende Schuppen unter der vierten Zehe und bis zu 12 Femoralporen (Schenkelporen) und Präanalporen (Poren vor der Analspalte) .... *henrylawsoni*
Mehr als 18 lamellenartig überlappende Schuppen unter der vierten Zehe und mehr als 12 Femoralporen und Präanalporen .... *minor*

Ein kurzer Exkurs zeigt recht deutlich, dass zu den Arten der Gattung *Pogona* noch nicht alle Fragen abschließend geklärt werden konnten und zukünftige Überraschungen nicht auszuschließen sind. So stellte Witten (1994a) hinsichtlich der Beschuppung von *P. minima* signifikante Unterschiede zwischen den Tieren von den Houtman-Abrohols-Inseln (von denen der Holotypus stammt) sowie den Agamen des Festlands fest. Des Weiteren zeigten morphologische Daten (Witten 1994b), dass die Festlandform von *P. minima* der Art *P. minor* sehr nahe steht. Hinsichtlich der Artzugehörigkeiten herrscht hier also noch Klärungsbedarf. Storr (1982) stellte *P. minima* und *P. mitchelli* als Unterart zu *P. minor*. Dieser Einteilung folgen neben Witten (1994a, 1994b) auch Willson &

Beschuppungsmerkmale nach WITTEN (1994)

	Pogona barbata		*Pogona henrylawsoni*		*Pogona microlepidota*		*Pogona minor*	
	Mittelw.	von–bis	Mittelw.	von–bis	Mittelw.	von–bis	Mittelw.	von–bis
Pränasalia	4,63	4–6	4,39	3–5	5,50	4–6	4,79	3–7
Subnasalia	4,07	3–5	3,83	3–5	4,00	3–5	3,82	2–5
Internasalia	10,30	9–13	10,88	9–12	12,00	11–13	10,13	7–13
Rostal-Parietalia	14,50	12–18	16,53	14–21	19,17	18–21	13,92	12–18
Suborbitalia	1,33	4–5	4,12	4–5	4,67	4–5	3,84	3–5
Supralabialia	17,07	14–19	14,59	13–16	16,50	15–18	15,79	13–19
Infralabialia	16,26	14–18	13,71	12–16	14,17	12–16	14,65	11–17
Schuppen um die Körpermitte	141,10	101–175	106,00	97–119	124,30	116–139	109,70	99–127
Lamellen	22,74	18–26	16,47	14–18	22,67	22–23	23,81	16–28
Femoralporen	14,62	11–19	8,18	6–12	11,50	10–14	13,42	10–18

Rückenbeschuppung von *Pogona vitticeps*
Foto: P.M. Müller

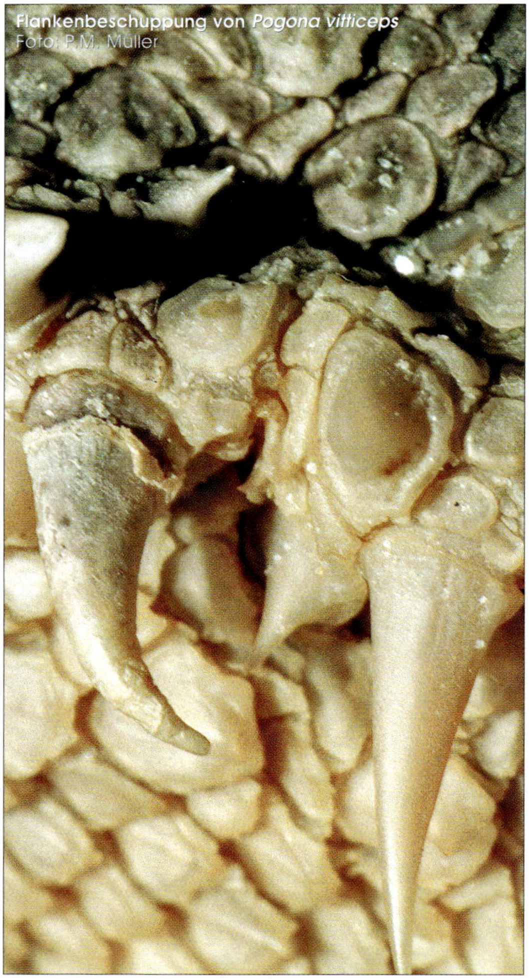
Flankenbeschuppung von *Pogona vitticeps*
Foto: P.M. Müller

Pogona minima (Festlandform)		*Pogona minima* (Inselform)		*Pogona mitchelli*		*Pogona nullarbor*		*Pogona vitticeps*	
Mittelw.	von–bis	Mittelw.	von–bis	Mittelw.	von–bis	Mittelw.	von–bis	Mittelw.	von–bis
4,43	3–6	4,44	4–5	4,67	3–6	4,64	3–6	4,93	3–7
3,71	2–5	3,06	3–4	4,30	3–6	3,61	3–5	4,38	3–6
9,64	7–12	9,50	7–13	10,97	9–13	11,42	9–13	11,09	8–13
13,64	12–16	12,75	11–15	15,10	11–20	15,63	13–18	14,79	11–20
3,93	3–5	3,13	3–4	4,17	3–6	3,85	3–5	4,37	4–5
15,14	13–17	14,00	12–16	15,80	14–19	15,53	13–18	16,99	15–20
14,14	11–15	13,63	12–15	14,87	13–17	14,06	12–16	15,96	13–19
102,80	101–105	100,30	82–120	110,60	90–122	108,70	91–125	140,10	119–164
22,69	16–28	24,69	22–28	22,10	19–27	20,39	17–23	21,78	18–26
12,85	9–16	14,58	12–17	13,21	10–18	12,82	10–16	14,53	9–19

Trotz ihrer Popularität als Terrarientiere hält die Gattung *Pogona* wohl noch manche Überraschung für die Wissenschaft bereit: Hier eine vermutlich noch unbeschriebene *Pogona*-Art aus dem Barkly Tableland. Foto: G. Schmida

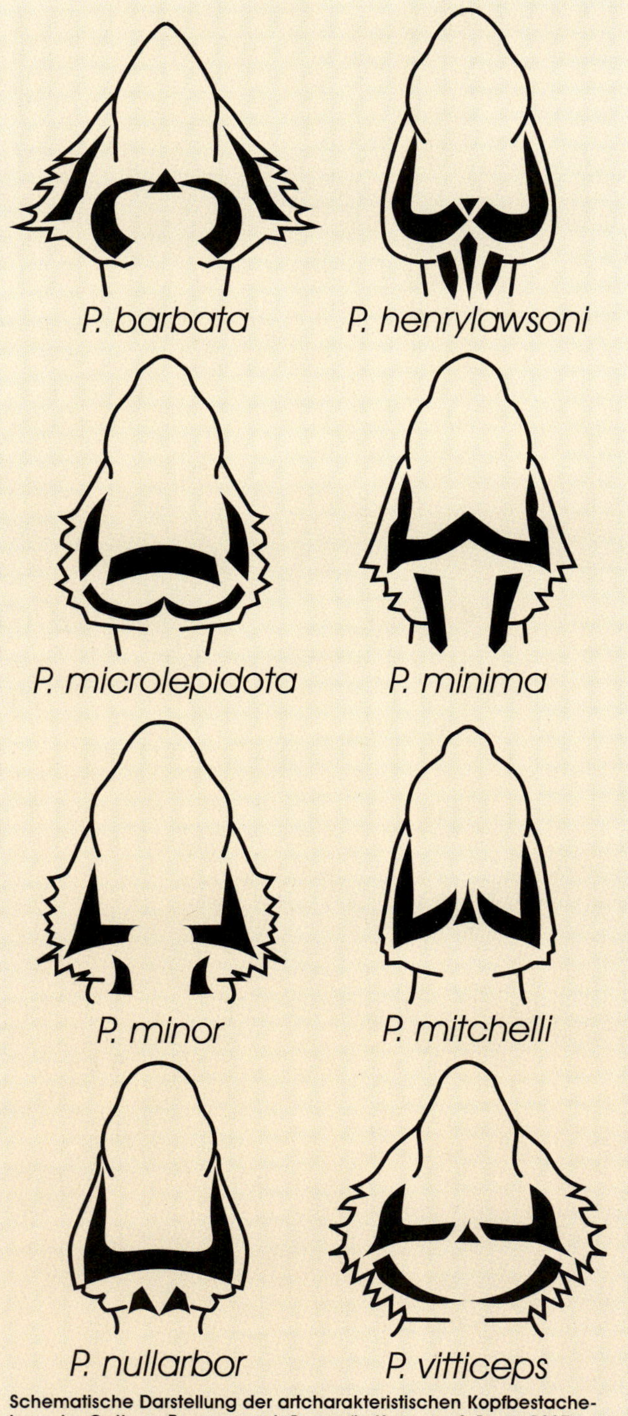

Schematische Darstellung der artcharakteristischen Kopfbestachelung der Gattung *Pogona* nach Becker (in Hauschild & Bosch 1997)

Knowles (1988). Im Folgenden übernehme ich, wie bereits im Bestimmungsschlüssel geschehen, die Taxonomie nach Badham (1976) und Wells & Wellington (1985), analog der Einteilung in Cogger (2000), die *P. minor* und *P. mitchelli* als eigenständige Arten ansehen.

Da die Bartagamen erst 1982 in die Gattung *Pogona* (Storr, 1982) überführt wurden, ist in der älteren Literatur unter den zuvor gültigen Gattungsnamen zu suchen. Ebenfalls berücksichtigt werden muss, dass der zuvor geltende Sammelgattungsname *Amphibolurus* auch noch lange nach 1982 verwendet wurde. Die Zuordnung zur Gattung *Pogona* durch Storr (1982) wurde erst vorgenommen, nachdem Badham (1976) die besondere Stellung der Bartagamen innerhalb der zuvor gültigen Gattung *Amphibolurus* Wagler, 1830 aufgrund morphologischer Besonderheiten erkannt hatte. Badham betrachtete dabei *P. microlepidota*, *P. minima* und *P. minor* als Unterarten von *P. barbata* (*Amphibolurus barbatus microlepidotus*, *A. b. minimus*, *A. b. minor*).

Bei der Literatursuche ist außerdem zu beachten, dass die zwei Arten *P. barbata* und *P. vitticeps* häufig miteinander verwechselt wurden. So wird z. B. bei Neugebauer (1972), Rogner (1992, 2005), Zimmermann (1974) und Zimmermann (1980) von *Pogona barbata* bzw. *Amphibolurus barbatus* berichtet, bei den abgebildeten

Pogona mitchelli **ist im Gegensatz zu *P. vitticeps* und *P. henrylawsoni* bereits als selten in der Terraristik einzustufen. Die anderen fünf Arten der Gattung sind bei uns derzeit nicht in der Terrarienhaltung vertreten.** Foto: R. Pesch

Tieren handelt es sich jedoch zweifelsfrei um *P. vitticeps*. EGRETZBERGER (1997) beschreibt die Haltung und Zucht von *P. minima*, hielt jedoch höchstwahrscheinlich *P. minor*. In der antiquarischen Literatur kann es sich auch als hilfreich erweisen, unter dem Gattungsnamen *Grammatophora* (z. B. in SAVILLE-KENT 1897) nach Bartagamen zu suchen.

Diese kurze Zusammenstellung zeigt, dass Artbezeichnungen bei Bartagamen manchmal kritisch betrachtet werden müssen. Als *P. vitticeps* oder *P. henrylawsoni* bezeichnete Tiere stellen meistens die genannten Arten dar, bei allen anderen Arten jedoch ist eine kritische Betrachtung angeraten. Zudem sei darauf hingewiesen, dass sich verschiedene Arten im Terrarium untereinander verpaaren lassen und fertile (fortpflanzungsfähige) Jungtiere hervorbringen. Im natürlichen Habitat in Teilen Ostaustraliens überschneiden sich zwar die Verbreitungsgebiete von *P. barbata* und *P. vitticeps*, doch sind die Populationen der beiden Arten dort strikt getrennt anzutreffen. Auch in Überschneidungsgebieten des Verbreitungsraumes von *P. henrylawsoni* und *P. vitticeps* wurden bislang keine „Übergangsformen" festgestellt.

Trotz ihrer kräftigen Gestalt kann *Pogona vitticeps* geschickt klettern. Foto: M. Zawadzki

Bekannt aus Terrarien sind Kreuzungen zwischen *P. henrylawsoni* und *P. vitticeps*, sogenannte „Vittkins“ (Rybak 1996; Hauschild & Bosch 1997; Müller 2002), zwischen *P. mitchelli* und *P. minor* (Müller 2002) sowie zwischen *P. henrylawsoni* und *P. nullarbor* (Grießhammer pers. Mittlg.). Mit Tieren aus diesen Kreuzungen wurde zum Teil bereits über mehrere Generationen erfolgreich hinweg gezüchtet! Eine unkontrollierte Verbreitung dieser Tiere im Bereich der Terrarienhaltung hätte unabsehbare Folgen für die gehaltenen Bestände. Badham (1971a) und Daly (1997) kreuzten auch *P. barbata* und *P. vitticeps*, was zu erfolgreichen Eiablagen führte. Ein Schlupf solcher Hybriden erfolgte aber lediglich bei dem Kreuzungsversuch von Badham (1971a). Die Eier wurden bei 30 °C inkubiert, der Schlupf erfolgte nach 80 Tagen. Die Artmerkmale innerhalb der Schlüpflinge waren unterschiedlich ausgeprägt: Teilweise zeigten die Tiere Merkmale beider Arten, teilweise tendierten sie optisch zu einer der verpaarten Arten. Kreuzungen unterscheiden sich also oftmals nicht deutlich von den zur Bastardisierung verwendeten Elterntieren, und „reine“ Artstämme wären auf Dauer nicht zu erhalten. Eine Vergesellschaftung unterschiedlicher Bartagamenarten hat aber auf alle Fälle zu unterbleiben.

Zur besseren Eingrenzung der geographischen Lage der Verbreitungsgebiete der einzelnen Bartagamenarten habe ich in den folgenden Beschreibungen die Literaturangaben eingearbeitet.

2.1 Östliche Bartagame – *Pogona barbata* (CUVIER, 1829)

Pogona barbata hat im Vergleich zu den anderen Vertretern der Gattung *Pogona* besonders kräftige Stachelschuppen am Bart und an der hinteren Kante des Kopfes. Die Östliche Bartagame ist von schlanker Gestalt. Ihre Körperflanken sind von vier Reihen unmittelbar hinter den Vorderbeinen beginnender Stachelschuppen besetzt. Das Tympanum ist gut sichtbar und dreieckig ausgebildet.

Die Körperfärbung variiert zwischen fahlen Grautönen bis hin zu fast Schwarz. Die Bauchseite ist weiß bis cremefarben und mit einem Ozellenmuster (Augenflecken) gezeichnet. Zwischen dem jeweiligen äußeren Augenwinkel bis zum Tympanum liegen streifenförmig angeordnete, dunklere Schuppen. Die Mundschleimhaut von *P. barbata* ist sulfatgelb gefärbt. Jungtiere weisen auf der Schnauze drei Punkte auf, die mit voranschreitendem Wachstum langsam verblassen, bis sie schließlich unsichtbar geworden sind.

Die Östliche Bartagame hat eine durchschnittliche Kopf-Rumpf-Länge von 25 cm bei einer Schwanzlänge von 30 cm. Eine Gesamtlänge von 70 cm kann von einzelnen Individuen durchaus erreicht werden. Adulte Exemplare erreichen in der Natur ein Gewicht von über 500 g (BARTHOLOMEW & TUCKER 1963).

Die Östliche Bartagame bewohnt sowohl tropische Habitate als auch kühle, baumbestandene Buschsteppen. Sie bevorzugt lichte, trockene Eukalyptuswälder und von Spinifexgras bewachsene

Drohende weibliche *Pogona barbata*
Foto: G. Schmida

Habitat der Östlichen Bartagame in Süd-Queensland Foto: G. Schmida

Flächen, die ausreichend freie Areale bieten. *Pogona barbata* ist in der Lage, sich bipedisch (nur auf den Hinterbeinen laufend) fortzubewegen (CARPENTER et al. 1970).

Innerhalb ihres Verbreitungsgebietes ist *P. barbata* oftmals in den Vorgärten von Häusern anzutreffen (auch in größeren Städten wie z. B. Brisbane) und wird von vielen Australiern annähernd wie ein Haustier gehalten. In größeren Siedlungen sind die Agamen jedoch durch Bautätigkeiten und zunehmende menschliche Besiedlungsdichten im Rückgang (PETERS 1986).

Eiablagen finden in Australien zwischen Frühling und Frühsommer (August bis Dezember) statt. Die Agamen produzieren bis zu drei Gelege (meist zwei), die aus maximal 35 Eiern (AMEY & WHITTIER 2000a; BADHAM 1971a; BUSTARD 1966; CAUGHLEY 1971; SCHAFER 1979; SMITH & SWANER 1981; WELLS 1971) pro Gelege bestehen können. BUSTARD (1966) fing in der Nähe von Canberra eine weibliche *P. barbata*, die mit 31 Eiern trächtig war. Bemerkenswerterweise war die Anzahl der Eier im linken und rechten Eierstock beim darauffolgenden Gelege mit wiederum insgesamt 31 Eiern identisch.

Vor der Ablage eines Geleges können die Weibchen bereits damit beginnen, die nächsten Eier auszubilden, wodurch deren Reproduktionsrate eine Sonderstellung unter den Echsen einnimmt. Lediglich *Pogona vitticeps* ist hierin vergleichbar. Andere Echsen, auch vergleichbarer Größe, produzieren meist deutlich kleinere Gelege. Auch werden bei anderen Agamen die einzelnen Gelege ohne zeitliche Überschneidungen gebildet. Männliche *P. barbata* verfügen während des ganzen Jahres über Sperma (BADHAM 1971a), Weibchen bilden jedoch nur während der Fortpflanzungszeit Follikel aus. Weibliche *P. barbata* sind zu einer Samenspeicherung fähig, die ausschließlich während der Fortpflanzungszeit stattfindet (AMEY & WHITTIER 2000b). Durch diese Fähigkeit, das Sperma zu speichern, ist das Weibchen in der Lage, für den Fortbestand der Art zu sorgen, auch wenn kein Männchen „verfügbar" ist. Das gespeicherte Sperma wird in einer Kammer der Vaginalwandung aufbewahrt und durch das Weibchen gezielt wieder „herausgelassen". Eine These über den Nutzen der Samenspeicherung ist, dass sich dadurch das Sperma mit den besten Anteilen durchsetzt und so möglichst starke Nachkommen erzeugt werden („sperm competition").

In Australien benötigen die Eier ca. 4 Monate bis zum Schlupf der Jungtiere. Die ersten Jungen des Jahres sind unter Umständen (bei ausreichend vorhandenen Insekten) bereits in einem Alter von einem Jahr geschlechtsreif, meist dauert es jedoch 18 Monate bis zum Erlangen der Geschlechtsreife (CAUGHLEY 1971).

Pogona barbata bevorzugt eine Körpertemperatur im Bereich zwischen 30 und 40 °C (LEE & BADHAM 1963; LICHT et al. 1966a). In diesem Bereich finden 94 % aller Aktivitäten statt. Temperaturen über 46 °C werden gemieden (LICHT et al. 1966b), und *P. barbata* ist auch gegenüber drastischen Temperaturstürzen besonders empfindlich: So überleben einzelne Tiere Temperatursprünge von 5 °C, wie sie infolge von Hagelschauern auftreten können, oftmals nicht (MULLER in lit.). Die Kopftemperatur liegt in den meisten Fällen geringfügig über der Körpertemperatur (WEBB et al. 1972). Lediglich in den oberen Bereichen der tolerierten Temperaturspanne ist der Kopf unwesentlich kühler als der Körper.

Die Östliche Bartagame ist in der Lage, ihre Körpertemperatur aktiv zu beeinflussen. Während des Sommers suchen die Agamen gezielt besonnte oder schattige Bereiche auf (SCHÄUBLE & GRIGG 1998), im Frühling hingegen findet der Wechsel zwischen unterschiedlich stark von der Sonne beschienenen Plätzen nach dem Zufallsprinzip statt. *Pogona barbata* wärmt sich schneller auf, als sie zur Abkühlung befähigt ist: Das Aufwärmen erfolgt ca. 1,3 Mal schneller als eine Abküh-

Pogona barbata Foto: O' Daniel

lung (Bartoholmew & Tucker 1963). Des Weiteren wurde festgestellt, dass das Aufheizen signifikant schneller vonstatten geht, wenn ein leichter Wind weht. So erfolgt bei einer Windgeschwindigkeit von 2,4 m/s die Erwärmung des Agamenkörpers doppelt so schnell wie bei Windstille. Körpertemperaturen bis zu 42 °C werden noch toleriert, 45 °C können aber bereits tödlich sein. Bei Stress durch dauerhaft zu hohe Temperaturen von 40 °C oder mehr („heat stress") konnte ein Herausdrücken der Augen („eye bulging") beobachtet werden (Bartoholmew & Tucker 1963; Greer 1989). Ist *P. barbata* längere Zeit

Weibliche *Pogona barbata* im Habitat Foto: G. Schmida

kühleren Temperaturen ausgesetzt, wendet sie ihren Kopf einer Wärmequelle zu und sperrt das Maul auf, um über die gut durchbluteten Mundschleimhäute möglichst schnell Wärme aufzunehmen (PORTOR 1991).

BADHAM (1971a) untersuchte das Nahrungsspektrum frei lebender *P. barbata* mit folgenden Ergebnissen für nicht pflanzliches Futter: 0,9 % Hundertfüßer (Centipedes), 6,5 % Spinnen, 3,9 % Ameisen (Hymenoptera), 5,5 % Hautflügler (Hymenoptera, ohne Ameisen), 0,7 % Schaben (Blattariae), 5,8 % Käfer (Coleoptera), 6,4 % Termiten (Isoptera), 0,6 % Wanzen (Hemiptera), 0,1 % Fliegenlarven (Diptera), 37,4 % Geradflügler (Orthoptera), 31,0 % Schmetterlinge und deren Larven (Lepidoptera), 0,6 % Bandfüßer (Millipedes), 0,1 % Schlangen und 0,5 % Agamen.

Das Verbreitungsgebiet von *P. barbata* liegt in den Bundesstaaten Queensland, New South Wales, Victoria und South Australia. Die nördliche Verbreitungsgrenze liegt auf der Höhe von Cairns, Queensland, und die südliche Verbreitungsgrenze auf Höhe von Horsham, New South Wales. Das in Nord-Süd-Richtung verlaufende Verbreitungsgebiet entlang der australischen Ostküste ist auf eine Breite von rund 150 km beschränkt. Die Art besiedelt hauptsächlich den feuchten Küstenstreifen, lediglich in Victoria ist die Östliche Bartagame auch hinter der für Reptilien unwirtlichen direkten Küstenzone anzutreffen. In South Australia erstreckt sich das Verbreitungsgebiet in West-Ost-Richtung von der östlichen Landesgrenze bis nach Eyre Peninsula und nach Norden bis auf Höhe Port Augusta.

In der Literatur finden sich die folgenden Angaben zu Fundorten:

Shire of Laidley, QLD, 27°35‘S, 152°18’E; 27°30‘S, 135°01‘E (AMEY & WHITTIER 2000a); 20°28‘S, 143°57‘E; 24°20‘–28°14‘S, 151°15‘–153°26‘E; Laidley, QLD, 27°35‘S, 152°18‘E (AMEY & WHITTIER 2000b); Healesville, NSW (COLEMAN 1944); 27–28°S, 152°E (CREE et al. 2000); Sydney, NSW (DALY 1997); 27°4‘S, 153°2’E (GRIGG & SEEBACHER 1999); West-Head, 33°36‘S, 151°15’E

(HOSER 1991); Boggabri, NSW; Green Valley, NSW; St. Claire, NSW (HOSER 1997); Brownlow, SA; Emu Bay, SA; Kingscote, SA, 35°39'S, 137°38'E; Shoal Bay, SA (JENNER 1996); Eyre's Peninsula, SA; Immara, SA; Proper Bay, SA; Tulka, SA (KINGHORN 1924); Moree, SA (KINGHORN 1931); Warath Station, QLD (LEE & BADHAM 1963); Lower Light, SA (OLIVER 1998); Kurrajong, NSW, 33°34' S, 151°41' E (PICKWORTH 1981); Kandos, NSW (RANKIN 1977); Laidley Golf Course, QLD, 27°38' S, 152°44' E; Mt. Berryman, QLD, 27°42' S, 152°20' E (SCHÄUBLE & GRIGG 1998); Moorna Station, NSW (SIMPSON 1973); University of Queensland, St. Lucia Campus; Wallabi Group, Houman Abrohols (Anm.: muss *P. minor* gewesen sein) (STORR 1965a); Big Dessert, VIC; Yanac, VIC (VALENTIC 1993); Brisbane, QLD (WEBB et al. 1972); Murchison, VIC (WILKE 1994); Modburry (WILLIAMS 1964).

Pogona barbata ist in europäischen Terrarien derzeit nicht anzutreffen. Da sie weder im Handel noch von Privat angeboten wird, ist sie für die Terrarienhaltung ohne Bedeutung. In den 1980er-Jahren wurde *P. barbata* gelegentlich gehalten, allerdings war die Art selten vertreten und ihre Vermehrung schwierig. Für eine erfolgreiche Nachzucht dieser imposanten Echse erscheint es unabdingbar, Tiere aus zumindest einer annähernd selben Gegend zu vergesellschaften, denn aufgrund der großen geographischen Ausdehnung des natürlichen Verbreitungsgebietes lebt *P. barbata* in verschiedenen Klimazonen, sodass unterschiedliche Jahres- und somit auch Reproduktionszyklen zum Tragen kommen. Aus diesen Gründen sollte die Zusammenführung eines Pärchens unter Berücksichtigung der ursprünglichen natürlichen Klimabedingungen erfolgen.

2.2 Schwarzerde-Bartagame – *Pogona henrylawsoni* WELLS & WELLINGTON, 1985

Die natürliche Farbe dieser Art reicht entsprechend der im Habitat vorherrschenden Farbtöne von Hellgrau bis Orangebraun. Die meisten Individuen haben eine rautenförmige Fleckenzeichnung auf dem Rücken, manche Exemplare bilden auch eine Fleckenzeichnung aus ovalen Flecken. Beiden Varianten ist gemeinsam, dass die Fleckenzeichnung ineinander verlaufen kann. *Pogona henrylawsoni* zeigt orangefarbene Mundschleimhäute. Die Schwarzerde-Bartagame ist die kürzeste aller acht Bartagamenarten und weist in der Regel eine Kopf-Rumpf-Länge von 13–15 cm bei einer Gesamtlänge von etwa 30 cm auf.

Der wissenschaftliche Name der Schwarzerde-Bartagame war lange Zeit strittig. So

Habitat im Verbreitungsgebiet von *Pogona henrylawsoni* in der Nähe von Hughenden, Queensland Foto: P.M. Müller

Eine Schwarzerde-Bartagame, *Pogona henrylawsoni*, im Lebensraum Foto: G. Schmida

wurde *P. henrylawsoni* auch schon als *P. „rankini“* oder als *P. brevis* bezeichnet. Der Holotypus dieser Art wurde bereits 1978 von HUSBAND & SAUER gefunden (WELLS & WELLINGTON 1985). Eine Beschreibung des Exemplars erfolgte jedoch zunächst nicht, und zwischenzeitlich wurden im Jahre 1982 Tiere nach Europa exportiert, sodass auf der Suche nach einem Artnamen die Arbeit von WELLS & WELLINGTON (1983) falsch interpretiert wurde und die Bezeichnung *P. rankini* entstand. Erst aufgrund der Beschreibung durch WELLS & WELLINGTON im Jahr 1985 kam es zum heute gültigen Artnamen *P. henrylawsoni*. Die Artbezeichnung *Pogona brevis* WITTEN, 1994 dagegen fand vornehmlich im englischsprachigen Raum Verwendung, wobei die Beschreibung auf einem 1977 durch MILTON gesammelten Exemplar beruhte.

Pogona henrylawsoni besiedelt in Australien offene, von Büschen bestandene Flächen. Ein Großteil des Verbreitungsgebietes wird als Weidefläche von Farmern genutzt. Die Art kommt ausschließlich im Bundesstaat Queensland vor. Ihr Verbreitungsgebiet reicht von Almora im Norden bis Longreach im Süden und von Urandangi im Westen bis zum Lake Buchanan im Osten. Das Verbreitungsgebiet ist durch schwere Schwarzerdeböden gekennzeichnet. Da Queensland geographisch den Tropen zuzuordnen ist, ist *P. henrylawsoni* auch saisonalen Regenzeiten ausgesetzt.

In der Literatur finden sich die folgenden Angaben zu Fundorten von *P. henrylawsoni*: Kynuna, QLD, 21°35‘S, 141°55’E; Longreach, QLD, 23°26‘S, 144°15’E; McKinlay, QLD, 21°17‘S, 141°17‘E; Morella, QLD, 22°58‘S, 143°52‘E (TURNER & VALENTIC 1998).

Pogona henrylawsoni ist nach *P. vitticeps* die am häufigsten gehaltene Bartagame. Sie wird regelmäßig vermehrt und ist bei Züchtern oder im Zoofachhandel erhältlich.

Porträt einer *Pogona henrylawsoni*
Foto: P.M. Müller

Pogona microlepidota Foto: R. E. Johnstone

2.3 Kleinschuppige Bartagame – *Pogona microlepidota* (Glauert, 1952)

Wie bei den Schwesterarten ist der Körper der Kleinschuppigen Bartagame abgeflacht und langgestreckt. Als Begrenzungslinie zwischen Rücken und Bauch verlaufen drei bis fünf Reihen Stachelschuppen. *Pogona microlepidota* ist meist gelb-braun gefärbt, aber wie bei den meisten anderen Arten existieren auch graue Farbformen und einzelne Individuen zeigen sogar eine kräftige rötliche Färbung. Der Schwanz ist deutlich quergebändert. *Pogona microlepidota* erreicht eine Kopf-Rumpf-Länge von 14–18 cm bei einer Schwanzlänge von maximal 27 cm.

Innerhalb der im Verbreitungsgebiet anzutreffenden Landschaftsformen, von lichten Trockenwäldern bis zu Regenwäldern, bevorzugt *P. microlepidota* lichtdurchflutete Trockenwälder und *Spinifex*-Graslandschaften. Die Tiere gelten im natürlichen Habitat als sehr scheu.

Die Kleinschuppige Bartagame besiedelt lediglich ein kleines Verbreitungsgebiet an der Nordspitze von Western Australia. Im Süden reicht das Verbreitungsgebiet bis auf die Höhe von Walcott Inlet und Wydham. Nach Norden wird das Verbreitungsareal durch die Küste von Western Australia begrenzt. In der Literatur finden sich folgende Angaben zu Fundorten:

Kalumburu, WA; Mitchell Plateau, WA, 14°53'S, 125°49'E; Pago, WA; Prince Regent River National Park, WA (Storr 1982); Crystal Head, WA; Mitchell Plateau, WA; Prince Regent National Park, WA (Witten 1994a); Bigge Island, WA (Storr 1982; Witten 1994a).

Es liegen keine Angaben über eventuelle Exporte von *P. microlepidota* vor, und die Art wird in der Terraristik derzeit nicht gehalten.

2.4 Westliche Bartagame – *Pogona minima* (LOVERIDGE, 1933)

Hinsichtlich der Unterteilung der anerkannten Taxa herrscht bei dieser Bartagame teilweise noch Uneinigkeit: So werden *P. minima* und *P. mitchelli* nicht nur als eigenständige Arten, sondern von manchen Autoren auch als Unterarten von *P. minor* behandelt (WILSON & KNOWLES 1988).

Die Färbung von *P. minima* ist ein helles Graubraun, und das Rautenmuster auf dem Rücken ist nur schwach ausgeprägt. Der Schwanz ist leicht quergebändert. Der normalerweise helle Bauch verfärbt sich während der Paarungszeit bei männlichen Tieren in ein sehr dunkles Grau. Wie *P. barbata* zeigt auch die Westliche Bartagame eine sulfatgelbe Mundschleimhaut. *Pogona minima* kann eine Gesamtlänge von bis zu 40 cm erreichen. Davon entfallen auf die Kopf-Rumpf-Länge 12–16 cm und auf die Schwanzlänge 24 cm.

Der Lebensraum auf der Inselgruppe der Houtman Abrolhos weist eine nur spärliche und eher niedrig gewachsene Vegetation auf, während er auf dem Festland von Sanddünen bis zu von Sträuchern bewachsenen Steppen

Trächtiges Weibchen von *Pogona minima*
Foto: H.-D. Philippen

Habitat von *Pogona minima*
Foto: H.-D. Philippen

reicht. Das Klima ist für australische Verhältnisse mild. BRADSHAW & MAIN (1968) trafen *P. minima* auf den Houtman Abrolhos vornehmlich im Bereich der Dünen und in Büschen wie z. B. *Olearia axillaris* und *Diplolaena dampieri* an (nach STORR [1965] bevorzugen die Agamen *Spinifex longifolius*). In den Morgenstunden saßen die Tiere auf den Büschen und präsentierten ihren Körper der Sonne; die gemessenen Körpertemperaturen lagen bei 31,58 ± 0,49 °C. Während ihrer Aktivitätsphase wurden einige Tiere auf dem Boden beobachtet, und die aktiven Exemplare wiesen eine Körpertemperatur von 34,15 ± 0,31 °C auf. Am späten Nachmittag wurde *P. minima* wiederum beim Sonnenbad auf den Büschen angetroffen. Allerdings richteten die Tiere ihren Körper nun so zur Sonne aus, dass die Einstrahlung reduziert wurde. Die gemessene Körpertemperatur betrug zu diesem Zeitpunkt 36,45 ± 0,42 °C. Somit ergab sich eine Körpertemperatur von 36,30 ± 0,39 °C bei einer mittleren Umgebungstemperatur von 29,50 ± 0,28 °C.

HIELSCHER (1989) erhielt 1987 drei Gelege von zwei Pärchen. Die durchschnittliche Gelegegröße betrug elf Eier bei einer mittleren Eimasse von 1,9 g zum Zeitpunkt der Ablage. Die Jungtiere schlüpften bei einer Inkubationstemperatur von 26–30 °C nach 50–60 Tagen. Die insgesamt 24 Schlüpflinge hatten ein durchschnittliches Gewicht von 2 g. Über den weiteren Verbleib der Tiere ist jedoch nichts bekannt. WEIGEL (1995) nennt Gelegegrößen von 8–16 Eiern. GREEN & LARSON (2001) nennen hiervon abweichende Gelegegrößen zwischen 2 und 9 Eiern.

Durch die Diskussionen in der Nomenklatur bzw. deren taxonomischen Auslegung durch verschiedene Autoren werden für diese Art jeweils unterschiedliche Verbreitungsgebiete genannt, die jedoch insgesamt für *P. minima*, *P. mitchelli* und *P. minor* eine sehr gute Übereinstimmung zeigen. *Pogona minima* (nach WILSON & KNOWLES [1988]: *P. minor minima*) kommt auf den Inseln der Houtman Abrolhos (East Wallabi und West Wallabi, STORR [1965]) vor, einem Archipel vor der Westküste Australiens auf der Höhe von Geraldton. Einzelne Inseln dieser Inselgruppe werden gelegentlich komplett vom Meer überschwemmt. Nach WITTEN (1994a) und COGGER (2000) ist *P. minima* auch auf dem Festland in Western Australia anzutreffen. Das von COGGER (2000) beschriebene Verbreitungsgebiet hat seine maximale nördliche Ausdehnung bei Onslow und wird im Westen von der Küste begrenzt. Im Süden reicht das Verbreitungsgebiet an der Küste bis Mandurah und an der Südküste von Bremer Bay bis nach Fairfield. Die südwest-

Diese *Pogona minima* nutzt die aufgeheizte Straßenbefestigung zur Wärmeaufnahme. Foto: H.-D. Philippen

liche Spitze Australiens wird nicht besiedelt. Aufgrund des aktuelleren Standes der Arbeiten von Cogger (2000) und Witten (1994a) erscheint es mir wahrscheinlicher, dass das dort beschriebene Verbreitungsgebiet zutrifft. In der Literatur finden sich die folgenden Angaben zu Fundorten:

Houtman's Abrolhos Group Wallabi Islands, WA (Licht et al. 1966a); West Wallabi Island, Houtman's Abrolhos, WA (Loveridge 1932; Storr 1982); East Wallabi Islands, WA; North Island, WA (Storr 1982); Bunbury, WA; Field's Find, WA; Gibson, WA; Katanning, WA; King George Sound, WA; Lake Mason Homestead, WA; Lesmurdie, WA; Nedlands, WA; Salmon Gums, WA; Yachep, WA (Witten 1994a).

Pogona minima wird heute nicht mehr in Europa gehalten.

2.5 Zwergbartagame – *Pogona minor* (Sternfeld, 1919)

In ihrem Aussehen ähnelt *P. minor* stark *P. barbata*, hat jedoch eine kürzere Gesamtlänge und einen schlankeren Körperbau. An den Flanken verläuft jeweils eine Reihe von Stachelschuppen. Das Tympanum ist gut sichtbar, der Schwanz ist im Vergleich zu *P. barbata* länger gewachsen. Wie auch *P. microlepidota* kann die Zwergbartagame ihren Bart nicht abspreizen.

Pogona minor ist meist grau bis blassbeige gefärbt. Das auf dem Rücken vorhandene Rautenmuster ist nur schwach ausgebildet und ist bei einzelnen Tieren zu einem Längsband verschmolzen. Wie auch bei *P. barbata* verläuft ein Streifen dunkel gefärbter Schuppen zwischen Auge und Tympanum. Die

Mundschleimhaut ist sulfatgelb gefärbt. *Pogona minor* erreicht eine Gesamtlänge von bis zu 40 cm, wovon etwa 14–16 cm auf die Kopf-Rumpf-Länge entfallen (COGGER 2000; WORREL 1963; WILSON & KNOWLES 1988). Hiervon abweichend nennt PIANKA (1986) eine Kopf-Rumpf-Länge von 100,4 mm und eine Schwanzlänge von 183 mm (als Mittelwerte).

Die Zwergbartagame bewohnt offene Landstriche, die jedoch ausreichend Versteck- und Deckungsmöglichkeiten bieten. Das große Verbreitungsgebiet bietet diesen Agamen eine große Bandbreite an verschiedenen Landschaftsformen zur Besiedlung: von Dünenlandschaften über offene Busch- und Baumsteppen bis hin zu Trockensteppen. Meistens geben die Tiere offenen, sonnenbeschienenen Bodenflächen (39 % der untersuchten Tiere) den Vorzug (PIANKA 1986). Mit Büschen durchsetzte Flächen (9,9 %) und Grasflächen (3,1 %) sind die zweitbeliebtesten Aufenthaltsorte von *P. minor*. Suchen die Tiere Schatten, werden vor allen Dingen Büsche aufgesucht. Klettert die Zwergbartagame, bleibt sie nicht in bodennahen Bereichen, sondern bevorzugt höhere, über dem Gelände liegende Stellen (17,3 %). Diese Plätze werden sowohl zum Aufwärmen (16 %) als auch zum Abkühlen (7,4 %) gewählt. Die Körpertemperatur aktiver Agamen liegt im Freiland bei einer mittleren Lufttemperatur von 27,6 °C im Mittel bei 34,8 °C (PIANKA & PIANKA 1970).

Die Geschlechtsreife wird mit einer Kopf-Rumpf-Länge von 9 cm erreicht (DAVIDGE

Landschaft im Uluru National Park, Northern Territory; Lebensraum von *Pogona minor* und *P. vitticeps* Foto: P.M. Müller

1980) und tritt mit Abschluss des zweiten Lebensjahres ein (Davidge 1979). In Australien wurden im Verbreitungsgebiet Gelegegrößen von 2–19 Eier festgestellt (Bradshaw 1981; Browne-Cooper 1984; Bush 1981, 1992; Chapman & Dell 1977, 1980a, 1980b; Davidge 1980, Dell & Chapman 1977, 1979, 1981; Green & Larson 2001; Pianka 1986; Smith 1976; Smith & Smith 1993; Wilson & Knowles 1988). Die Fortpflanzungszeit dauert bei Tieren aus dem südlichen Teil des Verbreitungsgebietes von Oktober bis Dezember, bei Exemplaren aus dem nördlichen Teil von Juli bis September (Bradshaw 1981). In Western Australia können nur kleine Populationen angetroffen werden, sodass es für den Fortbestand der Art notwendig ist, eine höhere Reproduktionsrate aufzuweisen. So werden dort in einer Saison zwischen zwei und vier Gelege mit 2–6 Eiern (im Mittel 3,43) abgelegt (Bradshaw 1981), im Terrarium wurden Gelege aus 5–12 Eiern (Hauschild & Bosch 1997) beobachtet. Die Eier werden in einer Tiefe von ca. 25 cm vergraben, wobei die Agamen einen abgewinkelt angelegten Gang zur Eiablagekammer graben (Brown-Cooper 1984). Hiervon etwas abweichend berichten Smith & Smith (1993) von einer Tiefe von 20 cm bei einer Ganglänge von 40 cm. Als maximale Eigröße findet sich bei Davidge (1980) eine Angabe von 20 x 10 mm. Die Jungtiere verließen 65 Tage nach der Eiablage die Nestgrube. Die Schlüpflinge gruben sich allerdings nicht über den ursprünglichen Zugang zur Eikammer frei, sondern legten einen neuen Gang an. Die leeren Eihüllen wurden vermessen: Es wurde eine durchschnittliche Eigröße von 28,6 x 22,2 mm festgestellt. Die Schlüpflinge wiesen eine Kopf-Rumpf-Länge von 44,4 mm und eine Schwanzlänge von 50,8 mm (Anzahl der Tiere = 2) auf. Einer der Schlüpflinge wurde mit einem Gewicht von 2,3 g gewogen.

Pianka (1986) führte Untersuchungen zum Nahrungsspektrum frei lebender Zwergbart-

Lebensraum von *Pogona minor* Foto: O' Daniel

agamen durch. Hierbei stellte er folgende Zusammensetzung der Nahrung fest: 2,1 % Hundertfüßer, 0,5 % Spinnen, 4,2 % Ameisen, 1,5 % Wespen und andere Hautflügler (ohne Ameisen), 29,9 % Heuschrecken und Grillen, 0,8 % Schaben (Blattariae), 0,2 % Fangschrecken, Stab- und Gespensterschrecken, 0,1 % ausgewachsene Netzflügler, 17,3 % Käfer, 11,7 % Termiten (Isoptera), 0,8 % Wanzen (Hemiptera und Homoptera), 0,2 % Fliegen (Diptera), 8,1 % Insektenlarven, 0,8 % verschiedene Gliedfüßer inklusive undefinierbarer Bestandteile, 2,6 % Tierisches inklusive Häutungsreste von Echsen sowie 19,3 % Pflanzliches (Blüten und sonstige Pflanzenteile). JONES (1995b) kommt bei seinen Untersuchungen des Mageninhaltes von *P. minor* zu ähnlichen Ergebnissen.

Pogona minor (nach WILSON & KNOWLES 1988: *Pogona m. minor*) besiedelt ein großes Verbreitungsgebiet. Es reicht im Westen von der Küste von Western Australia und im Osten bis zum Lake Gardner. Im Norden beginnt das Verbreitungsgebiet im Nordosten der Central Desert, Northern Territory, und reicht im Süden zur Nullarbor Plain, South Australia. In der Literatur finden sich folgende Angaben zu Fundorten:

Perth, WA, 32°00‘S, 115°48‘E (BROWNE-COOPER 1984); 33°44‘S, 121°17‘E (BUSH 1992); Yorkrakine Rock, East Yorkrakine and North Bungulla Nature Reserves (CHAPMANN & DELL 1980a); Perth, WA (DAVIDGE 1980); Cockleshell and Kodj Kodjin Nature Reserve (DELL & CHAPMANN 1977); Wilroy Nature Reserve (DELL & CHAPMANN 1979); 28°28‘ S, 122°50‘E (JONES 1995b); Ajana, WA; Albion Downs, WA; Altona, WA; Badgingar-

Pogona minor Foto: O´Daniel

ra National Park, WA; Bellevue, WA; Bentley, WA; Binnu, WA; Bobbymia, WA, 23°45'S, 120°50'E; Boologooro, WA; Boorabbin, WA; Booragoon, WA; Boya, WA; Bull Creek, WA; Bulong, WA; Burns Beach, WA; Callagiddy, WA; Canning Vale, WA; Cape Leeuwin, WA; Cape LeGrand National Park, WA; Carbarvon, WA; Carnahmah, WA; Caron, WA; Charlina Rock, WA; City Beach, WA; Coburn, WA; Comet Vale, WA; Coolbellup, WA; Coolgardie, WA; Crawles, WA; Culham Inlet, WA; Cunderdin, WA; Danging, WA; Dempster Inlet, WA; Dirk Hartog Island, WA; Dryandra State Forest, WA; Durba Spring, WA; East Mt Barren, WA; Editarra Well, WA; Esperance, WA; Ethel Creek, WA; Everard, SA; Exmouth, WA; False Entrance Well, WA; Fields Find, WA; Floreat Park, WA; Frank Hann National Park, WA; Frazer Range, WA; Geraldton, WA; Glenburgh, WA; Goongarrie National Park, WA; Gooseberry Hill, WA; Green Head, WA; Greenough, WA; Gutha, WA; Hamelin Pool, WA; Hamersley, WA; Iltoon Rockhole, WA; Iower Gairdner River, WA; Jandakot, WA; Jerramungup, WA; Jiggalong, WA; Jurien Bay, WA; Kalbarri National Park, WA; Kanandah, WA; Kathleen Valley, WA; Kelmscott, WA; Kings Park, WA; Kitchener, WA; Koordarrie, WA; Kukerin, WA; Kumarina Mine, WA; Lake Anec, WA; Lake Chinocup, WA; Lake Grace Reserve, WA; Lake Magenta Reserve, WA; Lake Throssell, WA; Lake Varley, WA; Lancelin, WA; Landor, WA; Ledge Point, WA; Lesmurdie, WA; Linden, WA; Mandurah, WA; Maylands, WA; Melville, WA; Midland, WA; Mileura, WA; Monkietarra Well, WA; Moondon, WA; Moore River National Park, WA; Morawa, WA; Mt Brockman, WA; Mt Bruce, WA; Mt Curious, WA; Mt Newman, WA; Mt Jackson, WA; Mt Lawley, WA; Mt Manning Range, WA; Mt Yokine, WA; Mukinbudin, WA; Mulga Downs, WA; Mullewa, WA; Mundaring, WA; Murchison House, WA; Mussel Pool, WA; Naval Base, WA; Neerabup National Park, WA; Ningaloo, WA; North Ironcap, WA; North Tarin Rock Reserve, WA; O'Connor, WA; Overlander, WA; Peak Charles, WA; Peron, WA; Piesse Brook, WA; Pindabunna, WA; Pinjarra, WA; Plumridge Lakes, WA; Poinrt Quobba, WA; Queen Victoria Spring, WA; Quinns Rocks, WA; Quobba, WA; Redcliffe, WA; Roleystone, WA; Rothsay State Forest, WA; Salmon Gums, WA; Salutation Island, WA; Skipper Knob, WA; Sorrento, WA; Spearwood, WA; Split Rock, WA; Stockyard Gully, WA; Streich Mound, WA; Tamala, WA; Tambrey, WA; Tombstone Rocks, WA; Trayning Reserve, WA; Trillbar, WA; Turee Creek, WA; Warbrook, WA; Warroora, WA; Wembley Downs, WA; White Gum Valley, WA; Wilroy, WA; Wilson, WA; Wittendom, WA; Wongan Hills, WA; Woodleigh, WA; Wooramel, WA; Yardie Creek, WA; Yarraloola, WA; Zanthus, WA (STORR 1982); Darling Scape; WA (WELLINGTON & DELL 1989); Ammaroodinna Hill, SA; Bates, SA; Canegrass Swamp, SA; Curtin Springs Homestead, NT; Everard Ranges, SA; Immarna, SA; Inila Rock Waters, SA; Koonibba Mision, SA; Lasseter's Cave, NT; Mabel Creek Homestead, SA; Maralinga, SA; Mitcherie Rock Hole, SA; Mount Davies, SA; Mt Christie Siding, SA; Mt Finke, SA; Mt Ive Homestead, SA; Mt Liebig, SA; Muckera Rock Hole, SA; Peterby Tank, SA; Pinjarra Dam, SA; Pinkawillinie Conservation Park, SA; Serpentine Lakes, SA; Tallaringa Well, SA; Two Tik Bore, SA; Ullawarra, WA; Vokes Hill Junction, SA; Wallala Hill, SA; Wyola Lakes, SA; Yalata Mission, SA; Yalata, SA; Yuendumu, SA; Yumbarra rock

Hole, SA (WITTEN 1994a); Bendering and West Bendering Nature Reserves (CHAPMANN & DELL 1977; STORR 1982); Dongolocking Nature Reserve (CHAPMANN & DELL 1978; STORR 1982); Badjaling Nature Reserve, South Badjaling Nature Reserve, Yoting Town Reserve and Yoting Water Reserve (CHAPMANN & DELL 1980b; STORR 1982); East Yuna and Bindoo Hill Nature Reserves (DELL & CHAPMAN 1981; STORR 1982); Barrow Island (SMITH 1976; STORR 1982); Armstrong Creek, NT; Ayer's Rock, NT; Docker River, NT; Mt Tom Price, WA; Ullawarra, WA (STORR 1982; WITTEN 1994a).

Pogona minor wird in Europa derzeit ebenfalls nicht in Terrarien gehalten.

2.6 Mitchells Bartagame – *Pogona mitchelli* (BADHAM, 1976)

Mitchells Bartagame ist eine schlanke Echse mit schmalem Kopf, der im Vergleich zu *P. vitticeps* weniger dreieckig geformt ist. Der Schädel männlicher Exemplare erscheint massiger. Das Tympanum ist wie bei allen Bartagamen gut sichtbar. Die Kehlhaut wie auch die Hinterkante des Kopfes sind deutlich mit Stachelschuppen besetzt. Der Bart kann abgespreizt werden, die Extremitäten wirken im Vergleich zu den anderen Arten dünn. Die Körperflanken sind jeweils mit einer Reihe konischer Stachelschuppen besetzt.

Porträt einer *Pogona mitchelli*
Foto: P.M. Müller

Habitat von *Pogona mitchelli* in Kimberley Foto: G. Schmida

Die Färbung von *Pogona mitchelli* ist sehr variabel und reicht von Braun über Rotbraun bis hin zu Gelb. Männliche *P. mitchelli* sollen bei Erregung ihren Kopf orange oder sogar rot färben können. Nach PESCH (in lit.) werden die Kehle, die Vorderbeine sowie ca. zwei Drittel des Schwanzes bei Erregung orange bis rot gefärbt. Eine Rückenzeichnung ist kaum erkennbar.

Pogona mitchelli kann eine Gesamtlänge von bis zu 40 cm erreichen. Durchschnittlich entfallen 14 cm auf die Kopf-Rumpf-Länge und 20 cm auf die Schwanzlänge. Tiere aus Western Australia weisen eine geringfügig größere Kopf-Rumpf-Länge auf als Tiere aus dem Northern Territory (BADHAM 1976).

Mitchells Bartagame favorisiert ein trockenes, heiß-warmes Klima. Die Art (nach WILSON & KNOWLES [1988] Unterart: *Pogona minor mitchelli*) ist bevorzugt in offenen, busch- und baumbestandenen Landstrichen, aber auch in felsigen Gebieten anzutreffen.

Das annähernd rechteckige Verbreitungsgebiet von *P. mitchelli* liegt in Western Australia und im Northern Territory. Die Verbreitung wird an den Eckpunkten durch Koolan, Port Hedland, Curtin Springs und die Macdonnell Ranges eingegrenzt.

In der Literatur finden sich die folgenden Angaben zu Fundorten:

Shay Gap, WA (HOSER 1996, 1997); Broome, WA; Cape Bossut, WA; Coulomb Point, WA;

DeGrey, WA; Drysale River National Park, WA, 15°16'S, 126°43'E; Edgar Ranges, WA; Inglis Gap, WA; Injudinah Creek, WA; LaGrange, WA; Lombadina, WA; Martins Well, WA, 16°34'S, 122°51'E; Mt Anderson, WA; Pender Bay, WA; Point Torment, WA (STORR 1982); Pilgangoora Well, WA; Tennant Creek, NT; Yuendumu, NT (WITTEN 1994a); Derby, WA; Mt Edgar, WA; Mundabullangana, WA (STORR 1982; WITTEN 1994a).

Pogona mitchelli wird derzeit nur von sehr wenigen Personen in Terrarien gehalten. Noch weniger Haltern gelingt die erfolgreiche Vermehrung. Eine Verbreitung dieser Art in Terraristik-Kreisen hat daher bislang nur eingeschränkt stattgefunden. Die Haltung erfordert viel Erfahrung und ist deshalb für Anfänger der Terraristik ungeeignet.

Pogona mitchelli Foto: G. Schmida

Pogona mitchelli **besitzt einen schmalen Kopf, der im Vergleich zu *P. vitticeps* weniger dreieckig geformt ist.**
Foto: P.M. Müller

2.7 Nullarbor-Bartagame – *Pogona nullarbor* (BADHAM, 1976)

Von allen Vertretern der Gattung *Pogona* ist die Nullarbor-Bartagame farblich am kräftigsten gezeichnet. Die Färbung des Rückens reicht von Orange bis Rot oder Braun bis Grau. Über den Rücken verlaufen sechs bzw. sieben cremefarbene Querbänder. Die konischen Stachelschuppen an den Seiten bilden jeweils sieben Reihen. *Pogona nullarbor* ist eine stämmig wirkende Bartagame mit kurzer Schnauze und einem relativ kurzen, kräftigen Schwanz. Vom Auge zum Tympanum verläuft auch bei *P. nullarbor* ein Streifen dunkel gefärbter Schuppen; das Tympanum ist von ovaler Form. Die Nullarbor-Bartagame kann eine Kopf-Rumpf-Länge von 14 cm und eine maximale Schwanzlänge von 20 cm erreichen.

Im natürlichen Habitat wurden Gelegegrößen von 14–19 Eiern (GREEN & LARSON 2001; SMITH & SCHWANER 1981; WILSON & KNOWLES 1988) beobachtet. Bei der Ablage sind die Eier im Mittel 23,5 ± 0,5 x 15,0 ± 0,8 mm groß (Anzahl der Tiere: n = 9). Bis zum Schlupf der Jungtiere wachsen die Eier im Mittel auf 25,8 ± 0,9 x 18,9 ± 0,6 mm an. Bei Inkubationstemperaturen von 27–29 °C dauert es 79–80 Tage bis zum Schlupftermin. Die Kopf-Rumpf-Länge der Schlüpflinge beträgt im Mittel 35,9 ± 1,1 mm, die Schwanzlänge im Mittel 81,9 ± 4,2 mm (Anzahl der Tiere: n = 9). Das Aussehen der Schlüpflinge gleicht dem adulter *P. nullarbor* (SMITH & SCHWANER 1981). HENDERSON (1992) äußerte die Vermutung, dass er *P. nullarbor* oder Hybriden zwischen *P. nullarbor* x *P. vitticeps* hielt. Die genannten Längen der Tiere sowie die Gelegegrößen deuten jedoch

Pogona nullarbor Foto: O' Daniel

Jungtier von *Pogona nullarbor* aus Eucia, Südaustralien Foto: O' Daniel

stark darauf hin, dass es sich nicht um *P. nullarbor* gehandelt haben kann.

Das Verbreitungsgebiet von *P. nullarbor* liegt in den namensgebenden Nullarbor Plains im Süden von Western und South Australia. Die Art besiedelt dort Ebenen mit sehr spärlichem Baumbewuchs und bevorzugt ein trocken-heißes Klima. In der Literatur finden sich folgende Angaben zu Fundorten:

31°28'S, 131°12'E (SMITH & SCHWANER 1981); Cocklebiddy, WA; Cook, SA; Kanandah, WA; Naretha, WA (STORR 1982); Haig, WA; Madura, WA; Watson, SA (WITTEN 1994a); Forrest, WA; Wilson Bluff, WA (STORR 1982; WITTEN 1994a).

Wie auch bei den vorangegangenen Arten ist festzustellen, dass *P. nullarbor* derzeit nicht in Europa gehalten wird.

Nullarbor-Bartagame im Biotop Foto: O' Daniel

2.8 Streifenköpfige Bartagame – *Pogona vitticeps* (AHL, 1926)

Pogona vitticeps ist eine sehr kräftige Agame. An Bart und Kopf sind große, konische Stachelschuppen angeordnet. Der Bart kann vollständig aufgestellt werden. Die zur Identifizierung heranziehbare Stachelreihe auf der Hinterkante des großen, dreieckigen, spitz zulaufenden Kopfes verläuft in einer annähernd geraden Linie. An den Körperseiten beginnen jeweils hinter der Schulter zwei Reihen mit Stachelschuppen.

Die Färbung ist abhängig von den natürlichen vorherrschenden Farben in den jeweiligen Bereichen des Verbreitungsgebietes. Die Farbpalette reicht von Grau über Gelb bis hin zu Rot. Im Gegensatz zu den natürlichen, infolge von Selektionsdruck ausgebildeten Färbungen wurden vornehmlich in den USA, zwischenzeitlich auch vermehrt in Europa, gezielt Farbformen gezüchtet (z. B. DE VOSJOLI & MAILLOUX 1996b). Vereinzelt werden Farbformen (Sandfire®, Sandfire yellow, Tiger, Striped, Hyperxanthic, Snow dragon, Hypomelanistic, Gold Iris und viele andere) auch hierzulande angeboten. Dem an solchen Farbspielereien Interessierten sei jedoch zu Vorsicht geraten, da viele Varianten ihre Farbausprägung nur erreichen, wenn die Tiere mindestens drei Monate dem natürlichen Sonnenlicht ausgesetzt waren (DE VOSJOLI et al. 2001). Auch lassen die meisten Jungtiere ihre spätere Farbgebung kaum erahnen,

Lebensraum von *Pogona vitticeps* in der Nähe von Port Pierie, South Australia Foto: P.M. Müller

Pärchen von *Pogona vitticeps* Foto: H. Grimm

geschweige denn erkennen, und zudem sei angemerkt, dass sechs Wochen alte Nachzuchten der Sandfire®-Bartagamen in den USA für 250 US$ (Stand 2006) verkauft werden. Somit erscheint es sehr zweifelhaft, dass in Deutschland deutlich günstiger angebotene Tiere echte Sandfire®-Bartagamen sind.

Neben *P. barbata* ist die Streifenköpfige Bartagame der größte Vertreter der Gattung *Pogona*. Es werden Kopf-Rumpf-Längen von 20–25 cm bei einer Schwanzlänge von bis zu 30 cm erreicht. Es sind auch einzelne Tiere mit einer Gesamtlänge von über 60 cm bekannt.

In der Big Desert im westlichen Victoria existiert eine Population der Streifenköpfigen Bartagame, die in ihrer Größe deutlich von anderen Populationen abweicht (Witten & Coventry 1990). Die Tiere dieser Population erreichen lediglich eine Kopf-Rumpf-Länge von durchschnittlich 17,5 cm und sind somit deutlich kleiner.

Die Streifenköpfige Bartagame ist in der Lage, sich ausschließlich auf ihren Hinterbeinen fortzubewegen (eigene Beobachtungen). Bei ausgesprochen hohen Temperaturen wurden in Australien auch nachts aktive Tiere angetroffen (Valentic 1995).

Pogona vitticeps besiedelt in Australien bevorzugt offene, verhältnismäßig trockene busch- und baumbestandene Flächen. Die Art wird aufgrund ihres Verbreitungsgebietes auch Inland-Bartagame genannt, denn sie bewohnt ausschließlich das Landesinnere

Jungtiere von *Pogona vitticeps* Foto: P. M. Müller

und ist nicht in Küstennähe anzutreffen. Ihr riesiges Verbreitungsgebiet erstreckt sich über die Bundesstaaten Queensland, New South Wales, Victoria, South Australia und Northern Territory. Die nördliche Grenze des Verbreitungsgebietes ist Camoweal, die östliche der Culgoa-Foodplain-Nationalpark, die südliche Grenze bildet der Hattah-Kulyne-Nationalpark und die westliche Gardner Range. In der Literatur finden sich folgende Angaben zu Fundorten:

Tamworth (Daly 1997); Cobar, NSW (Hallinger 1993); Port Augusta, SA (Hoser 1997); Alice Springs, NT (Hoser 1997; McAlpin 1995); Cunnamulla (Hoser 1997; Witten 1994a); Whyalla Playford, SA, 33°03‘S, 137°34‘E (Johnston 1979); 31°S, 142°E (MacMillen et al. 1989); Bute, SA (Oliver 1998); Yathong Nature Preserve, NSW (Sprackland 2003); Big Billy Bore, VIC; Big Dessert, VIC (Valentic 1993); Fairmount Station, NSW (Valentic 1995); Whyalla (Weis & Weis 1998); Aramac, NT; Billeroo Creek, SA; Broken Hill, NSW; Byrock, NSW; Coolibah Dam, SA; Dajarrah, NT; Gawler Ranges, VIC; Hammond Downs, NT; Isisford, NT; Kiamil, VIC; Lake Eyre, SA; Landraak Plain, VIC; Lindsay Port Station, VIC; Millewa South Bore, VIC; Moorna, NSW; Mt Hope, VIC; Mulka, SA; Ouyen, VIC; Purnong, SA; Raak Plains, VIC; Red Cliffs, VIC; Ross's Spring, VIC; Simpson Desert, SA; Wanaaring, NSW (Witten 1994a).

Pogona vitticeps ist die Bartagame mit der größten Verbreitung in der Terraristik – weltweit. Deshalb kann in den meisten Fällen davon ausgegangen werden, dass bei Erwähnung einer Bartagame die Streifenköpfige Bartagame gemeint ist. *Pogona vitticeps* wird alljährlich in sehr großer Zahl nachgezüchtet und ist über den Zoofachhandel oder direkt vom Züchter erhältlich.

Porträt einer männlichen *Pogona vitticeps* Foto: P.M. Müller

Hinweis

Die nachfolgenden Abschnitte beziehen sich ausschließlich auf *Pogona vitticeps*. Erst im Anschluss (Kapitel 13 ff.) wird auf die Besonderheiten bei der Haltung von *P. barbata, P. henrylawsoni* und *P. mitchelli* eingegangen.

Pärchen von *Pogona vitticeps* Foto: P.M. Müller

3. Terrarium

3.1 Zimmerterrarium

Gemäß dem Gutachten über die Mindestanforderungen an die Haltung von Reptilien des Bundesministeriums für Ernährung, Landwirtschaft und Forsten (BMELF; heute Bundesministerium für Ernährung, Landwirtschaft und Verbraucherschutz [BMELV]), Referat Tierschutz, ist für zwei Bartagamen (z. B. ein Pärchen oder zwei Weibchen) eine Mindestgröße des Terrariums von 5 x 4 x 3 (Länge x Breite x Höhe) multipliziert mit der Kopf-Rumpf-Länge des größten Tieres gefordert. Für jedes weitere Tier ist die Grundfläche des Terrariums um 15 % zu vergrößern.

Für die Dimensionierung eines zur artgerechten Haltung geeigneten Terrariums ist davon auszugehen, dass das größte gehaltene Tier eine Kopf-Rumpf-Länge von 25 cm erreicht. Somit ist für zwei ausgewachsene Bartagamen von einer – gemäß vorgenanntem Gutachten – minimal erforderlichen Terrariengröße von 125 x 100 x 75 cm (Länge x Breite x Höhe) auszugehen. Bei der Haltung einer größeren Gruppe empfiehlt es sich, die Vergrößerung der Grundfläche durch eine größere Länge zu realisieren. Bei einer vergrößerten Terrarientiefe wären die hinteren Bereiche des Terrariums nur noch sehr schwer zu erreichen. Bei der Pflege von

Beispielhaftes Terrarium für Bartagamen Foto: P.M. Müller

Beim unteren Glasführungsprofil ist unbedingt auf eine ausreichende Höhe zu achten, damit die Schiebescheiben sicheren Halt haben. Foto: P.M. Müller

z. B. vier Tieren mit einer Kopf-Rumpf-Länge des größten Exemplars von 25 cm wäre ein Terrarium mit den Mindestmaßen von 165 x 100 x 75 cm (Länge x Breite x Höhe) erforderlich.

Die Abmessungen des Terrariums sollten nicht dem Gedanken „so groß wie nötig", sondern dem Gedanken „so groß als möglich" folgen. Bedacht werden muss, dass z. B. eine männliche *P. vitticeps* im natürlichen Habitat ein Areal von bis zu drei Hektar beansprucht und hier auch innerhalb weniger Minuten Distanzen von bis zu 100 m zurücklegt (McAlpin 1995). Bereits bei Terrariengrößen nach den Mindestanforderungen muss beachtet werden, dass ein Gesamtgewicht von bis zu 500 kg erreicht werden kann (Müller 2003).

Sogenannte Standardterrarien aus Glas, mit zwei Schiebescheiben an der Front sowie Lüftungsflächen an der Vorderseite und am Deckel, sind für die Haltung gut geeignet. Für eine Verbesserung der Terrariendurchlüftung sowie zur leichteren Installation der erforderlichen Lampen sollten Standardterrarien so umgebaut werden, dass ca. die Hälfte des Deckels als Belüftungsfläche dient. Größere Aquarien ohne Abdeckung oder Terrarien ohne Deckelscheibe können ebenfalls gut verwendet werden. Es ist jedoch darauf zu achten, dass die Pfleglinge nicht den oberen Rand (z. B. durch Klettern oder Springen) erreichen können. Durch die so entstehenden horizontalen und vertikalen Konvektionsströme der erwärmten Luft erfährt auch ein solches Trockenterrarium die notwendige Durchlüftung. Durch die trockenen Haltungsbedingungen sind auch Holzterrarien oder Kombinationen verschiedener Baustoffe geeignet. Als beliebtes Baumaterial haben sich OSB-Holzplatten bewährt. Grundsätzlich ist darauf zu achten, dass das Holz so behandelt und versiegelt wird, dass es zumindest einer gründlichen Reinigung standhält. Bei einer Bodenplatte aus Holz ist zum Schutz z. B. eine Glasscheibe (unbedingt flächig und eben!) oder eine Teichfolie aufzulegen. Diese Auflage schützt zum einen das Holz, und zum anderen schont sie die Krallen der grabenden Bartagamen. Trächtige Bartagamen graben unter Umständen so exzessiv, dass ihre Krallen auf einer

Höhlen, die Bartagamen als Unterschlupf dienen, gibt es im Handel in unterschiedlichen Materialien und Größen, z. B. aus Holz (links) oder aus Keramik (rechts)
Fotos: P.M. Müller und U. Müller

rauen Bodenplatte (z. B. Holz) komplett abgenutzt werden und bei weiteren Grabtätigkeiten Verletzungen der Zehen durch das langsame Krallenwachstum eine zwangsläufige Folge wären. Für den Bodengrund wird Sand oder ein Sand-Lehm-Gemisch verwendet. Das Sand-Lehm-Gemisch hat den Vorteil, dass die Bartagamen standsichere Höhlen graben können und beim Laufen nicht im Substrat versinken. Nachteilig ist, dass dieses Substrat im Vergleich zu Sand schlechter sauber gehalten werden kann. Wird Sand verwendet, so ist eine möglichst staubfreie Körnung zu verwenden. Ist der Sand zu fein (und damit staubig), kann er zu Verletzungen führen und in Körperöffnungen eindringen. Im Zoofachhandel werden verschiedene Terrariensande angeboten. Sogenannter Spielsand aus Baumärkten kann ebenfalls verwendet werden. Hierbei ist zu beachten, dass keine Zusätze (Duftstoffe!) enthalten sind und der Sand eine ausreichende Standfestigkeit bietet, d. h. eine möglichst breite Korngrößenverteilung aufweist. Vogelsand kann geeignet sein, sofern die Sandkörner geschliffen (rund) und nicht gebrochen (scharfkantig) sind. Der Sand sollte im Kontakt mit Wasser nicht zum Verkleben neigen, da dann bei übermäßiger Aufnahme von Sand bei den Tieren Verdauungsprobleme entstehen können. Grobporiger Bodengrund wie z. B. Kies ist u. a. aus hygienischen Gründen ungeeignet, da durch die große Anzahl von Zwischenräumen keine ausreichende Kontrolle über den Verschmutzungsgrad des Substrats möglich ist. Der Bodengrund ist mindestens 5 cm, besser 10 cm, hoch einzubringen. Für Eiablagen sollte man mehrere Stellen mit 25 cm (oder mehr) Substrathöhe zur Verfügung stellen.

Werden Steinaufbauten errichtet, so ist sicherzustellen, dass sie nicht durch die Bartagamen zum Einsturz gebracht werden können. Steine – unabhängig, ob natürlichen oder künstlichen Ursprungs – müssen ab dem Beckenboden sicher zusammengefügt und aufgeschichtet werden. Herabstürzende Einrichtungsgegenstände können Tiere verletzen oder sogar töten.

Als Versteckmöglichkeiten können in Steinaufbauten Höhlen ausgebildet werden. Korkröhren oder vorgefertigte Höhlen aus dem Zoofachhandel können ebenfalls ins Terrarium eingebracht werden. Für jedes Tier sollte eine eigene Versteckmöglichkeit vorhanden sein.

Für das natürliche Kletterbedürfnis sind geeignete Äste im Terrarium sicher anzubringen. Die Äste sollten in ihrer Größe auf die Größe der Bartagamen abgestimmt und annähernd so dick sein, dass die Tiere an den

Ästen klettern oder auf ihnen ruhen können. Die Astoberfläche sollte so rau sein, dass die Krallen der Tiere ausreichend Halt finden. Größere Zwischenräume in Korkrinde oder in Ästen mit borkiger Rinde werden allerdings von Futtertieren als Versteckmöglichkeit genutzt und sind somit ungeeignet, da keine Kontrolle über die Anzahl der Futtertiere möglich ist. Zur Vergrößerung der Aktionsfläche im Terrarium sollten die Rückwand und eventuell auch die Seitenwände mit entsprechenden Vorsprüngen, Plateaus und Ähnlichem verkleidet werden. Anleitungen zur Gestaltung von Rückwänden und Felsaufbauten finden sich beispielsweise im Buch „Terrarieneinrichtung – Grundlagen, Materialien, Methoden“ von Wilms (2004).

Zur Ausbildung einer natürlichen Rangordnung in der Gruppe gehört auch, dass von ranghohen Tieren erhöhte Plätze aufgesucht werden können. Solche Plätze sind nach Möglichkeit ebenfalls anzubieten. Pflanzen dagegen sind für ein Bartagamenterrarium nicht erforderlich. Die meisten Pflanzen werden innerhalb kürzester Zeit von den Tieren gefressen oder durch wiederholtes Überklettern zerstört. Falls doch Pflanzen ins Terrarium gestellt werden, sollte es sich für eine problemlose Austauschbarkeit um Topfpflanzen handeln. Um eine zu feuchte Haltung zu vermeiden, ist beim Gießen darauf zu achten, dass der Bodengrund nicht gewässert wird. Die besten „Überlebenschancen“ haben vor allem dickblättrige, widerstandsfähige Pflanzen wie z. B. *Sansevieria* (Bogenhanf) oder auch *Beaucarnea recurva-*

Steinaufbauten müssen sicher zusammengefügt und aufgeschichtet werden, damit sie nicht von den Bartagamen zum Einsturz gebracht werden können. Foto: P.M. Müller

Man kann Versteckplätze für Bartagamen aber auch selbst gestalten, wie hier mittels großer Buntsteinplatte. Foto: P.M. Müller

Kletteräste sind sicher anzubringen und sollten auf die Größe der Bartagamen abgestimmt und annähernd so dick sein, dass die Tiere an den Ästen klettern oder auf ihnen ruhen können. Foto: P.M. Müller

Bartagamen suchen gerne erhöhte Plätze im Terrarium auf, um ihr Territorium zu überblicken.
Foto: P.M. Müller

Mit Fliesenkleber überzogene und eingefärbte Rückwand aus Styropor, in die kleine Steine auf Bauschaumuntergrund eingearbeitet wurden Foto: P.M. Müller

Bartagamen suchen gelegentlich die Wasserschale zum Trinken auf. Foto: P.M. Müller

ta. Als Futterpflanze kann Golliwoog (*Callisia repens*) verwendet werden. Gute Erfahrungen wurden auch mit der Verwendung von getrockneten Grasbüscheln gemacht.

Es muss stets eine Schale mit frischem Wasser für die Tiere zur Verfügung stehen. Bartagamen suchen die Wasserschale scheinbar nur selten zum Trinken auf, oftmals kann der Halter aber seine Tiere nur deshalb nicht dort beobachten, weil sie bereits morgens vor dem Einschalten der Beleuchtung ihren Durst stillen.

Um den Tieren eine artgerechte Haltung zu bieten, ist eine geeignete Beleuchtung unbedingt erforderlich. Wird das Terrarium nicht hell genug ausgeleuchtet, so werden die Bartagamen nicht ihr natürliches Verhaltensspektrum entfalten. In gut ausgeleuchteten Terrarien sind die Agamen normalerweise aktiver zu erleben. Bei der Wahl der Art der Beleuchtung sowie der Anzahl der Leuchtmittel ist zu berücksichtigen, dass die Sommer in der australischen Heimat der Bartagamen eine sehr lichtintensive Jahreszeit sind.

Erste Wahl bei der Ausleuchtung eines Bartagamenterrariums stellen Halogenmetalldampflampen (HQI-, CDM-R-, HRI-, HSI- oder HCI-Strahler) und T5-Leuchtstoffröhren dar. Die im Terrarium zu erreichende Farbtemperatur liegt in einem Bereich von 5.500 bis 6.000 K (Kelvin). Die genannten Halogenmetalldampflampen sind in verschiedenen Leistungsstärken erhältlich und werden über ein meist im Strahler integriertes Vorschaltgerät betrieben. Der etwas höhere Anschaffungswert z. B. gegenüber T8-Leuchtstoffröhren oder HQL-Strahlern relativiert sich durch die deutlich längere Betriebszeit schnell wieder. Werden T5-Leuchtstoffröhren eingesetzt, so sollten HO-Röhren (High Output) verwendet werden. Allgemein gute Erfahrungen wurden bei der Grundausleuchtung mit einer Kombination aus Halogenmetalldampflampen und T5-Leuchtstoffröhren gemacht. Mit beiden Lampentypen gemeinsam ist eine relativ hohe Lichtausbeute (Lumen pro Watt) möglich.

Zur Vergrößerung der Aktionsfläche im Terrarium sollten die Rückwand und eventuell auch die Seitenwände mit entsprechenden Vorsprüngen, Plateaus und Ähnlichem verkleidet werden. Foto: P.M. Müller

Zur Schaffung von sogenannten Sonnenplätzen im Terrarium ist die zusätzliche Verwendung von Spotstrahlern erforderlich. An den Sonnenplätzen sollten Temperaturen von mindestens 40 °C bis maximal 50 °C erreicht werden. Es kann eine große Bandbreite an Produkten zum Einsatz kommen, da hier Leuchtmittel verwendet werden, die neben Licht auch Wärme abgeben. Geeignet sind z. B. Quecksilberdampfentladungslampen (HQL), PAR-Strahler und Spotstrahler.

Physikalisch bedingt gibt jedes Leuchtmittel neben Licht auch Wärme ab. Dieser Umstand ist bei der Gestaltung der verschiedenen Temperaturzonen im Lebensraum Terrarium unbedingt zu berücksichtigen. Eine

Verschiedene Leuchtmittel zur Ausleuchtung von Sonnenplätzen: Sylvana PAR 38 120 W, Osram R80 100 W und R63 40 W (v. l. n. r.) Foto: U. Müller

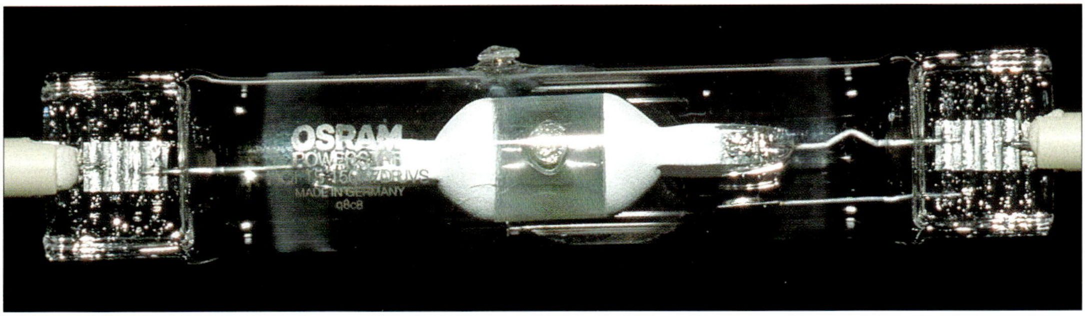

Um den Tieren eine artgerechte Haltung zu bieten, ist eine geeignete Beleuchtung unbedingt erforderlich. Hier eine Osram 150-W-Powerstar-HQI-TS zur Grundbeleuchtung Foto: U. Müller

Bodenheizung, beheizbare Steine oder Ähnliches sind in einem Bartagamenterrarium meist nicht erforderlich. Da Bartagamen Licht mit Wärme in Verbindung bringen, ist eine Erwärmung über die Beleuchtung wesentlich sinnvoller. Eine Bodenheizung ist erst für größere Terrarien mit einer Grundfläche von mehreren Quadratmetern als sinnvoll zu betrachten. Zudem wird durch die Bodenheizung ein unnatürlicher Temperaturgradient im Untergrund hergestellt, da die Temperatur dort von oben nach unten (anstatt anders herum) ansteigt. Ebenso ist von Keramikstrahlern abzuraten, die nur

Alle Leuchtmittel im Terrarium sind prinzipiell so anzubringen, dass sie von den Tieren nicht erreicht werden können. Ansonsten kann es zu schweren Verbrennungen bei den Tieren kommen. Foto: U. Müller

Wärme, aber kein Licht abgeben, denn Bartagamen nehmen diese intensive Wärme oftmals erst wahr, wenn es bereits zu Verbrennungen der Haut gekommen ist.
Neben den bereits genannten Leuchtmitteln ist zur Gesunderhaltung der Pfleglinge noch eine UV-Strahlung abgebende Leuchte erforderlich. Erste Wahl ist hierbei das Leuchtmittel UltraVitalux® der Firma Osram, das bereits seit Jahrzehnten mit den besten Erfahrungswerten in der Terraristik verwendet wird. Da die UltraVitalux® eine Leistung von 300 W hat, ist unbedingt auf die Verwendung einer geeigneten Fassung zu achten! Täglich (außer in Zeiten der Winterruhe) sollte zwischen 20 und 30 Minuten lang aus einem Abstand von mindestens 80 cm eine UV-Bestrahlung erfolgen. Eine kürzere Bestrahlungsdauer zur Eingewöhnung ist nicht erforderlich. Im Zoofachhandel werden auch Leuchtstoffröhren zur UV-Bestrahlung angeboten. Hier sind unbedingt die Angaben des Herstellers zu Reichweite und Lebensdauer zu beachten. Verschiedene Mischlichtstrahler, die auch Strahlung im UV-Bereich abgeben, sind ebenfalls erhältlich. Grundsätzlich ist bei allen Leuchtenarten die stetige Entwicklung von speziellen Lampentypen zu beachten, da fast alle Hersteller bemüht sind, für die Terraristik geeignete neue Speziallampen zu entwickeln oder bereits existierende Produkte weiter zu optimieren. Allen Leuchtmitteln zur UV-Bestrahlung ist gemeinsam, dass die UV-Strahlen Glas nicht durchdringen und sie somit innerhalb des Terrariums installiert werden müssen.
Alle Leuchtmittel im Terrarium sind prinzipiell so anzubringen, dass sie von den Tieren nicht erreicht werden können. Ansonsten kann es zu schweren Verbrennungen bei den Tieren kommen. Alle technischen Einrichtungsgegenstände sind regelmäßig sorgfältig auf ihre Funktion zu überprüfen.
Im Terrarium sind den Bartagamen verschieden temperierte Bereiche anzubieten. Die Grundtemperatur im Terrarium sollte ca. 25 °C betragen. Diese Grundtemperatur sollte möglichst nicht überschritten werden, eine Unterschreitung ist als weit weniger kritisch zu bewerten. Allerdings sollte während der Sommermonate eine Tagesgrundtemperatur von über 20 °C sichergestellt sein. Zur Kontrolle der Temperaturen sollten im Terrarium ein bis zwei Thermometer installiert werden.

3.2 Freilandterrarium

Besteht die Möglichkeit, so ist es von Vorteil, Bartagamen zeitweise in einem Freilandterrarium zu halten. Aufgrund unseres Klimas ist eine dauerhafte Haltung im Freien allerdings nicht möglich. Freilandterrarien sollen nur dort zum Einsatz kommen, wo keine negative Beeinflussung durch die Verwendung von Düngemitteln oder Pestiziden (Wind!) besteht.
Je nach Witterungsperiode ist eine Freilandhaltung über Nacht bedingt möglich. Die Nächte müssen hierzu möglichst trocken (Tau!) sein, um zusätzliche Gesundheitsgefahren zu vermeiden. Gut geeignet sind Standorte, die möglichst lang der Sonne ausgesetzt sind. Nach Süden ausgerichtete Hanglagen sind besonders geeignet.
Die Umrandung der Freianlage ist ausbruchsicher zu gestalten, denn entkommene Bartagamen sind mittelfristig zum Tode verurteilt. Es eignen sich deshalb besonders glatte Wände (Kunststoff oder Glas), die von den Tieren nicht erklettert werden können. Bei Verwendung rauer Materialien (z. B. Mauer-

werk, Beton oder Holz) ist die Begrenzung mit einem nach innen geneigten, aufgesetzten, glatten Rand zu sichern. Um ein Untergraben der Umrandung durch die Bartagamen und z. B. durch Mäuse oder Ratten zu verhindern, ist eine Einbindung in den Boden von mindestens 40–60 cm erforderlich. Bautechnisch ist sogar eine Einbindung von mindestens 80 cm zu empfehlen, da hierdurch ein Auffrieren während des Winters vermieden wird. Optimal ist eine zusätzliche Einlage im Boden, die ein Entweichen oder Eindringen von außen verhindern kann. Wird die Umrandung aus transparenten

Sich sonnende Bartagame im Freilandterrarium Foto: K. Kunz/A. Calgua

Materialien gestaltet, so ist auf die Temperaturen im Freilandterrarium ein ganz besonderes Augenmerk zu legen.
Ein Teil des Geheges ist abzudecken, sodass die Tiere schattige Plätze vorfinden und auch bei eventuellen Regenschauern das Trockene aufsuchen können. Im Idealfall ist im Bereich der Abdeckung eine schwache Bodenheizung vorgesehen, die bei Bedarf zugeschaltet wird; so finden die Bartagamen immer ausreichend warme Stellen vor. Falls der Boden keine gute Durchlässigkeit für Wasser aufweist – d. h. nach einem Regen Pfützen stehen bleiben –, ist der Untergrund auszutauschen. Hierzu eignet sich eine dickere Schicht Kies, die mit Erde abgedeckt wird. Im Idealfall wird der Kies vor Aufbringen der Erde mit einem Geotextil abgedeckt, um ein Eindringen der Erde in die Hohlräume des Kieses zu vermeiden. Dringt nämlich im Laufe der Zeit Erde in die Kieszwischenräume ein, so werden diese verfüllt und die Wasserdurchlässigkeit des Bodens nimmt ab. Wird ein Bodenaustausch vorgenommen, so kann man ein Untergraben der Umrandung durch die Einlage eines stabilen, korrosionsgeschützten Gitters oder eines Geotextils verhindern.

Wird die Freianlage groß genug gestaltet, so ist die Installation eines Strahlers vorteilhaft, da die Tiere somit die Möglichkeit haben, sich unabhängig vom Wetter aufzuwärmen. Bei Elektroinstallationen sind die gültigen Vorschriften wie z. B. DIN VDE 0100 unbedingt zu beachten, um Gefahren für Mensch und Tier zu vermeiden.
Des Weiteren ist das Freilandterrarium möglichst abzudecken. Als Abdeckung eignen sich mit Gaze bespannte Rahmen oder Netze. Eine Abdeckung soll vermeiden, dass frei lebende Tiere, die den Agamen gefährlich werden können, in die Anlage gelangen. Auch ist ein Sichtschutz zu bieten, sodass z. B. das Gehege umschleichende Katzen nicht von allen Seiten das Terrarium einsehen können.
Den Bodengrund des Terrariums kann der natürliche Untergrund bilden, es kann aber

Der Freiluftaufenthalt dient nicht nur dem Sonnetanken, sondern hier können die Tiere auch Blüten und Kräuter aufnehmen. Foto: K. Kunz/A. Calgua

auch eine Schicht Sand oder Erde eingebracht werden. Die obere Bodenschicht muss gelegentlich einer Reinigung unterzogen werden, da die Exkremente nicht so gut wie im Zimmerterrarium zu finden sind. Dies ist leichter, wenn nicht der natürlich anstehende Boden den Untergrund bildet. Beton oder Asphalt als Untergrund ist ungeeignet, zumal sich diese Materialien in der Sonne sehr aufheizen.

Als weitere Einrichtungen dienen auch im Freiland Steine und Äste. Höhere Aufbauten und Pflanzen sind dabei so einzubringen, dass bei einem Sprung die Umgrenzung nicht erreicht werden kann. Wie auch im Zimmerterrarium ist eine Wasserschale vorzusehen.

Je nach Größe der Freilandanlage kann unter Umständen ein Bauantrag erforderlich werden. Vorgaben hierzu sind den jeweiligen Landesbauordnungen der Länder (LBO) zu entnehmen. Eventuell kann bei der Entscheidung, ob ein Bauantrag erforderlich ist, ein hilfsbereiter, sachkundiger Architekt oder Bauingenieur weiterhelfen.

Alternativ zu fest installierten Anlagen können auch modifizierte, von der Größe geeignete Nager- oder Vogelkäfige zum Einsatz kommen. Gut geeignet sind z. B. große Kaninchen- oder Papageienkäfige. Zu große Gitterabstände müssen allerdings durch das Aufbringen eines zusätzlichen kleinmaschigen Gitters für eine Ausbruchsicherheit ertüchtigt werden.

Eine weitere Möglichkeit stellen kleinere Gewächshäuser oder gewächshausartige Blumenbeete dar. Auch hier muss jedoch auf

Ausbruchssicherheit, Sichtschutz sowie die Gefahr durch Überhitzung geachtet werden. Alternativ kann auch ein Balkon so gestaltet werden, dass die genannten Anforderungen an Temperatur, Schatten, Schutz und Ausbruchsicherheit erfüllt sind.

Die Temperaturverhältnisse im Freilandterrarium müssen immer auf das Sorgfältigste kontrolliert werden, und Bartagamen, die in Freilandterrarien gehalten werden, sollten regelmäßig auf Parasiten kontrolliert werden. Auch ist des Öfteren eine Kotprobe untersuchen zu lassen. Wichtig ist außerdem, dass die Tiere – gerade beim Transport vom Zimmerterrarium in das Freilandterrarium – keiner Zugluft ausgesetzt sind.

Bartagamen in Freilandterrarien ändern oftmals ihr Verhalten: Viele Tiere drohen nach ein paar Stunden im Freilandterrarium Menschen und lassen sich oft nicht mehr problemlos ergreifen. Ein beherztes Zugreifen ist dann erforderlich. Menschen, die sich dies nicht zutrauen, sollten von einer Freilandhaltung absehen.

Eine Abdeckung des Freilandgeheges verhindert das Entweichen der Agamen und das Eindringen von Fressfeinden wie Katzen und Rabenvögeln. Foto: A. Calgua

Ein wahres Bartagamenparadies Foto: A. Calgua

4. Pflege

Zur erfolgreichen artgerechten Pflege von Bartagamen ist es erforderlich, deren Bedürfnis nach Licht, Wärme sowie ausreichendem Platzangebot nachzukommen. Der Standort des Terrariums ist so zu wählen, dass das Terrarium auf einer stabilen Unterkonstruktion an einem hellen Platz ohne direkte Sonneneinstrahlung aufgestellt werden kann. Das Terrarium sollte nicht direkt auf den Boden gestellt werden, da eine solche Position die Temperaturregelung im Terrarium infolge der oftmals deutlichen Temperaturschwankungen erschwert. Zur Beurteilung der Standfestigkeit der Unterkonstruktion sollte das Terrariengewicht im Vorfeld sorgfältig abgeschätzt werden (MÜLLER 2005b).

Am Standort sollte eine Simulation des Tag-/Nachtrhythmus möglich sein. Das Aufstellen des Terrariums im Wohnzimmer kann somit, je nach Veranlagung der Pfleglinge, deren Gesundheit abträglich sein. Wird das Terrarium von der Sonne beschienen, heizt es sich in kurzer Zeit unkontrollierbar auf, und bei einer direkten Sonnenbestrahlung können innerhalb kurzer Zeit Temperaturen im Terrarium erreicht werden, die für Bartagamen tödlich sind.

Sichtkontakt zu anderen Tieren ist generell zu vermeiden, denn andere Reptilien, Vögel, eventuell auch Hunde oder Katzen werden unter Umständen als Prädatoren empfunden. Der Anblick von Feinden setzt Bartagamen unter Stress, der sogar zum Tode der Tiere führen kann. Ich kann aus eigener Erfahrung berichten, dass die Gegenwart eines Graupapageis (*Psittacus erithacus*) Bartagamen unbeweglich verharren ließ, bis der Vogel wieder aus dem Sichtbereich entfernt wurde. Ein solches Verhalten von Bartagamen wurde für einzelne Individuen auch gegenüber natürlichen Feinden wie z. B. Schlangen beschrieben (WILKE 1994). Gleichzeitig beobachtete WILKE (1994) aber auch Bartagamen, die eine kleine Schlange (Länge ca. 16 cm) attackierten, bis diese tot war. Ein direkter Kontakt mit Hunden und Katzen ist zum Schutz der Bartagame, aber auch

Für die Winterruhe wählen sich Bartagamen die unterschiedlichsten Stellen im Terrarium aus: Einige Exemplare vergraben sich, andere legen sich unter den Vorsprung einer Steinplatte, während wieder andere die gesamte Ruhezeit auf einem Ast liegend verbringen. Foto: P.M. Müller

des Hundes oder der Katze, immer zu vermeiden.
Zur Simulation eines natürlichen Jahresrhythmus ist die Beleuchtungsdauer kontinuierlich über das ganze Jahr zu variieren. Die Beleuchtungsdauer erreicht 13–14 Stunden während der Sommermonate und lediglich 6–8 Stunden während der Wintermonate. Um den Bartagamen einen Rhythmus gemäß der Photoperiode vorzugeben, wird die Beleuchtungsdauer zwischen Winter und Sommer sowie zwischen Sommer und Winter kontinuierlich verändert. Für die Steuerung der Beleuchtung ist es hilfreich, Zeitschaltuhren zu verwenden. Wie auch die Beleuchtungsanlage, sind die Zeitschaltuhren regelmäßig im Hinblick auf ihre Funktionstüchtigkeit zu überprüfen. Da Sonnenaufgang und Sonnenuntergang in Australien innerhalb weniger Minuten vonstatten gehen, ist eine stufenlose Helligkeitsregelung nicht erforderlich, es hat sich aber bewährt, die verschiedenen Leuchten im Terrarium zeitlich versetzt zu- und abzuschalten. Bei der Wahl der Schaltzeiten sollte man sich an den hiesigen Sonnenaufgangs- und -untergangszeiten orientieren.

Die Temperaturen im Terrarium korrelieren mit den Beleuchtungszeiten und sind somit gewissen Schwankungen unterworfen. Die Grundtemperatur im Terrarium variiert zwischen 18 °C im Winter und 25 °C im Sommer, mit den entsprechenden Abstufungen für die dazwischenliegenden Zeiten. Für jedes Tier ist mittels Strahler ein eigener Sonnenplatz einzurichten. An diesem sollte die Bartagame Temperaturen von 40–50 °C vorfinden. Werte von über 50 °C sind sehr kritisch und können meist nur in sehr großen Terrarien realisiert werden.

Um morgendlichen Tau zu simulieren, kann im Terrarium mit einer solchen Druckluft-Sprühflasche gelegentlich leicht gesprüht werden. Es ist jedoch darauf zu achten, dass der Boden innerhalb kurzer Zeit wieder trocknet und keinesfalls durchnässt. Foto: M. Zawadzki

Im Winter ist eine Grundtemperatur von 18 °C bereits ausreichend. Grundsätzlich ist den Bartagamen aber auch während dieses Zeitraums eine Möglichkeit zum Aufwärmen anzubieten. Da eine längere Bestrahlung des Sonnenplatzes sich meist nachteilig auf die winterliche Grundtemperatur auswirkt, ist in diesem Zeitraum ein warmer Sonnenplatz

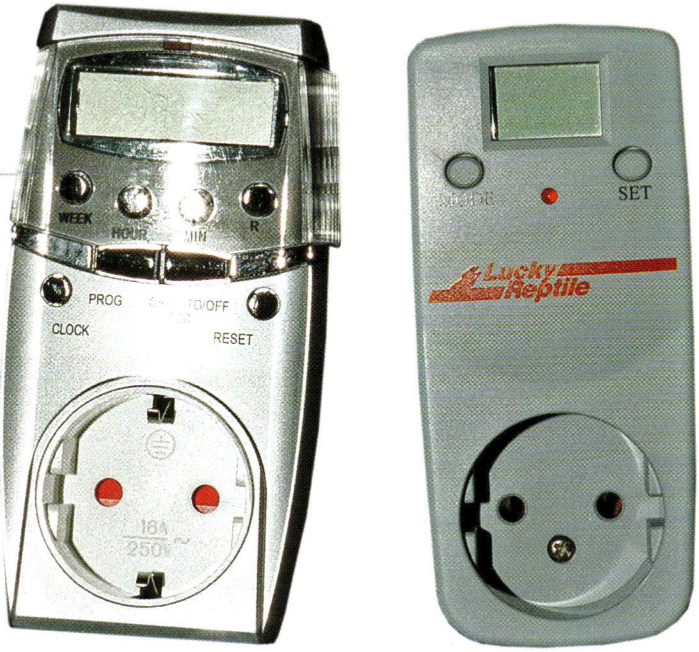

Für die Steuerung der Beleuchtung ist es hilfreich, Zeitschaltuhren zu verwenden. Foto: U. Müller

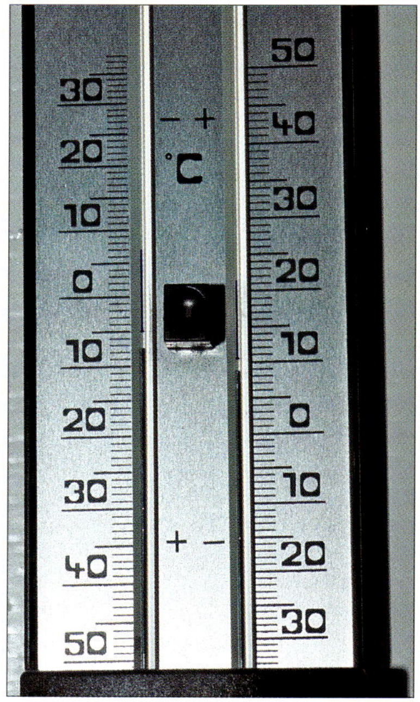

Ein Min-/Max-Thermometer sowie ein Hygrometer sind bei der Pflege von Bartagamen unerlässlich. Foto: P.M. Müller

über 2–4 Stunden mit 30 °C als ausreichend zu betrachten. In etwas kühleren Wohnräumen kann auch eine Winterruhe bei Zimmertemperatur durchgeführt werden. Eine Nachtabsenkung auf 15 °C sollte jedoch immer möglich sein. Alternativ können Bartagamen auch in ausreichend großen, einfach eingerichteten Boxen in einem klimatisch geeigneten Keller überwintert werden. Eine ausreichende Belüftung der „Winterbox“ ist hierbei unbedingt sicherzustellen. Die Temperaturen sind nach Einrichtung des Terrariums und vor Einsetzen einer Bartagame zu kontrollieren. Hierzu wird das Terrarium über mehrere Tage in Probebetrieb genommen, sodass auch die Wechselwirkung Sonnenplatz/Grundtemperatur genau beobachtet werden kann.

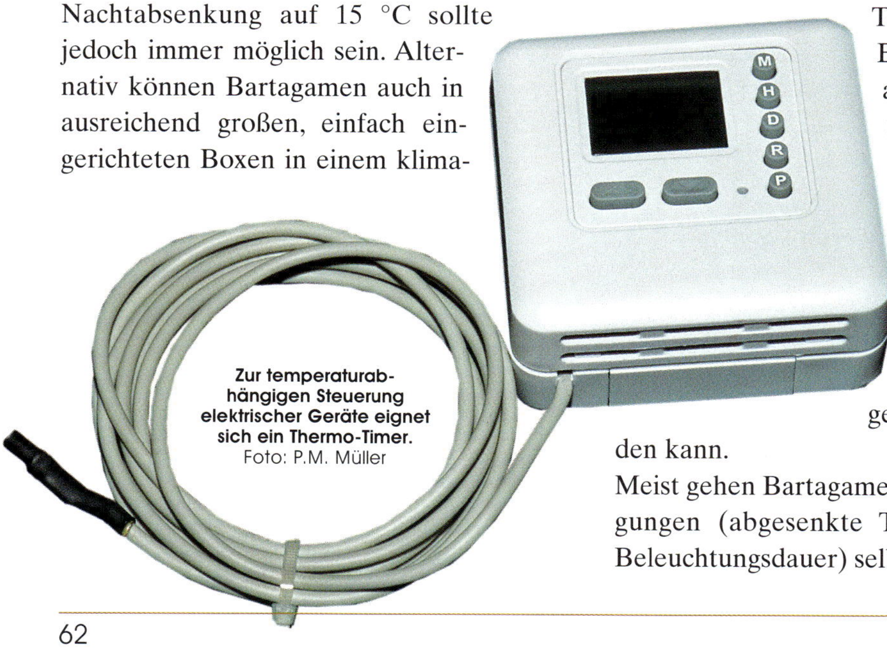

Zur temperaturabhängigen Steuerung elektrischer Geräte eignet sich ein Thermo-Timer. Foto: P.M. Müller

Meist gehen Bartagamen unter Winterbedingungen (abgesenkte Temperatur, kürzere Beleuchtungsdauer) selbstständig in eine 6–8

Wochen dauernde Winterruhe. In Australien wird eine Winterruhe von bis zu 2,5 Monaten Dauer gehalten (WELLS 1971). Bei der Winterruhe – im Gegensatz zum Winterschlaf – erhält die Bartagame ein Restmaß an Mobilität aufrecht. Eine Bartagame kann sich daher gegebenenfalls auch während der Winterruhe wieder relativ schnell in Bewegung setzen. Normalerweise ist die Mobilität in dieser Zeit in Abhängigkeit von den Temperaturen jedoch nicht allzu hoch. Wird auch die Nachtabsenkung auf Temperaturen von maximal 18 °C konsequent eingehalten, kann die Winterruhe problemlos bis zu drei Monate andauern. Einzelne Halter führen auch eine Winterruhe von bis zu vier Monaten durch. Längere Zeiten (bekannt sind bis zu sechs Monate) erscheinen im Vergleich zu den Werten in der Natur aber als nicht mehr artgerecht.

Für die Winterruhe wählen sich Bartagamen die unterschiedlichsten Stellen aus: Manche Exemplare vergraben sich, andere legen sich unter den Vorsprung einer Steinplatte, während wieder andere die gesamte Ruhezeit auf einem Ast liegend verbringen. Auch wenn die Tiere noch so fest zu ruhen scheinen, ist grundsätzlich ein Sonnenplatz zum Aufwärmen anzubieten. Es kann durchaus auch vorkommen, dass eine Bartagame die Winterruhe „überspringt“ und durchgehend aktiv bleibt. Solche Exemplare sollten nicht zur Einhaltung einer Winterruhe gezwungen werden.

Gesunde, starke, normal entwickelte Bartagamen können bereits ab einem Alter von vier Monaten ohne nachteilige Auswirkungen auf Gesundheit und Wachstum eine Winterruhe halten. Kranke und offensichtlich geschwächte Tiere sollten dagegen keine Winterruhe durchführen. Um eine Erkrankung auszuschließen, sollte man rechtzeitig vor der Winterruhe eine Kotprobe durch einen reptilienkundigen Tierarzt oder eine entsprechende Untersuchungsstelle untersuchen lassen (Adressen im Kapitel „Weitere Informationen“), sodass bei einem positiven Befund (= Parasitenbefall) die Behandlung der Bartagame noch vor der Winterruhe durchgeführt und abgeschlossen werden kann. Ohne eine entsprechende Untersuchung und Behandlung könnten sich die Parasiten während der Ruhezeit ungehindert ausbreiten.

Wird die Beleuchtung sowie die Temperatur dem Jahreszeitenverlauf angepasst, reduzieren die Bartagamen vor der Winterruhe selbstständig ihre Nahrungsaufnahme bis hin zum vollständigen Einstellen des Fressens. Unter Berücksichtigung des gestalteten Jahresrhythmus sowie der Haltungstemperaturen im Winter ist vor der Winterruhe also kein Baden der Bartagame zur Darmentleerung erforderlich. Auch während der Winterruhe ist den Agamen aber ständig die Möglichkeit zur Wasseraufnahme (Wasserschale mit frischem Wasser) zu bieten. Gefüttert wird während der Winterruhe allerdings nicht.

Nach Beendigung der Winterruhe wird den Bartagamen wieder Futter angeboten, allerdings sollte man damit ein paar Tage warten. Nimmt die Agame die ersten Tage nach Beendigung der Winterruhe kein Futter an, muss dies kein Grund zur Besorgnis sein. Besonders männliche Bartagamen benötigen gelegentlich etwas länger, bis sie wieder Nahrung in normalen Mengen zu sich nehmen. Zu Anfang wird meist nur mäßig gefressen, was sich dann allmählich wieder auf normale Mengen steigert.

Entsprechend dem natürlichen Lebensraum

ist das Terrarium als Trockenterrarium einzurichten. Die relative Luftfeuchtigkeit schwankt hierbei zwischen 40 und 60 %. Eine dauerhaft höhere relative Luftfeuchtigkeit als 60 % würde die Tiere schwächen und sie empfänglich für Pilzinfektionen machen. Um morgendlichen Tau zu simulieren, kann im Terrarium gelegentlich leicht gesprüht werden. Es ist jedoch darauf zu achten, dass der Boden innerhalb kurzer Zeit wieder trocknet und keinesfalls durchnässt. Sind Bartagamen regelmäßiges Sprühen gewohnt, nutzen sie die Gelegenheit und nehmen dabei Wasser auf.

Um Bartagamen vor Erkältungen oder Pilzinfektionen durch höhere Feuchtigkeit zu schützen, ist darauf zu achten, dass die Tiere nach ein bis zwei Stunden wieder völlig trocken sind und dann auch die trockenen Stellen im Terrarium wieder überwiegen. Empfehlenswert ist ein morgendliches Sprühen, da den Tieren dann ausreichend Gelegenheit bleibt, wieder zu trocknen. Auch im Falle eines späteren Sprühens müssen die Agamen noch vor dem Erlöschen der Beleuchtung wieder vollständig abgetrocket sein.

Verschiedene Autoren (z. B. HAUSCHILD & BOSCH 1997; PALIKA 2000, 2003) empfehlen ein regelmäßiges Bad für die problemlose Häutung. Das Baden einer Bartagame ist aber grundsätzlich sicher nicht notwendig und lediglich in besonderen Fällen gesundheitlicher Probleme indiziert.

Für die Gesunderhaltung benötigen Bartagamen dagegen eine gute Luftzirkulation im Terrarium. Durch entsprechend gestaltete Belüftungsflächen (wie oben beschrieben) kann Stickluft im künstlichen Lebensraum Terrarium vermieden werden. Die Tiere dürfen jedoch keiner Zugluft ausgesetzt sein, da sie ansonsten leicht an einer Lungenentzündung erkranken können. Das Rauchen in einem Zimmer mit Terrarien ist zum Wohle der Tiere natürlich unbedingt zu unterlassen.

4.1 Hygienemaßnahmen

Für die Gesunderhaltung der Bartagamen ist ein gewisses Maß an Hygiene erforderlich. Täglich ist das Terrarium von Futterresten und Kot zu reinigen. Um Krankheitserregern keinen Nährboden zu bieten und auch Wieder-Infektionen zu vermeiden, sind die Verunreinigungen baldmöglichst zu entfernen. Gerade bei der Kotentfernung ist der umgebende Bodengrund großzügig mit zu entfernen, um bereits eingesickerte flüssige Anteile mit aufzunehmen. In Abhängigkeit von Terrariengröße und Anzahl der gepflegten Tiere ist der Untergrund regelmäßig (ein- bis zweimal jährlich) zu erneuern.

Einrichtungsgegenstände werden mindestens einmal jährlich einer gründlichen Reinigung unterzogen, unterjährig erfolgt die Reinigung nach Bedarf. Sind keine Krankheiten aufgetreten, so ist eine Säuberung mit heißem Wasser ausreichend, anderenfalls ist eine gründlichere Reinigung des Terrariums erforderlich: Das Bartagamenterrarium und seine Einrichtung müssen dann im Rahmen der Möglichkeiten desinfiziert werden. Die Desinfektion hat dabei so zu erfolgen, dass keine schädlichen Rückstände des Reinigungsmittels im Terrarium verbleiben, da diese lebensgefährlich für die Agamen sein können. Gut bewährt hat sich die Verwendung einer 70%igen Ethanol-Lösung, die nach einem gründlichen Auslüften des Terrariums keine Rückstände hinterlässt. Eine Reinigung und Desinfektion von geklüfteten, unregelmäßigen oder stark porigen Oberflächen (z. B. natürliche Steine, Rinde, gestaltete Rückwände) ist unter Umständen

so problematisch, dass ein Austausch erforderlich wird.
Beim Betreiben mehrerer Terrarien sind alle Hilfsmittel zur Pflege (z. B. Pinzette, Löffel, Schaufel usw.) nur jeweils für ein einziges Terrarium zu verwenden, um das Verschleppen von Krankheitserregern zu vermeiden. Aus denselben Gründen sind nach jedem Hantieren im Bartagamenterrarium oder Berühren der Tiere die Hände gründlich zu waschen bzw. zu desinfizieren.
Beim Neuerwerb einer Bartagame ist es zum Schutz der bereits vorhandenen Tiere wichtig, den Neuling nicht gleich zu einer bestehenden Gruppe hinzuzusetzen. Neuzugänge sind grundsätzlich einzeln in einem einfach eingerichteten und somit auch einfach sauber zu haltenden Terrarium für mindestens acht Wochen in Quarantäne zu halten. Die Terrarieneinrichtung wird dabei auf ein absolut notwendiges Maß beschränkt, so sollte man z. B. als Bodengrund Zeitungs- oder Küchenpapier verwenden. Während des Quarantänezeitraums sind mehrere Kotproben durch einen reptilienkundigen Tierarzt oder eine entsprechende Untersuchungsstelle (siehe „Weitere Informationen") begutachten zu lassen.
Auch ohne Neuzugang sollte jährlich eine Kotprobe im Hinblick auf einen möglichen Parasitenbefall untersucht werden. Es hat sich als praktisch erwiesen, diese Untersuchung vor der Winterruhe durchführen zu lassen, sodass ein eventueller Befall noch vor Beginn der Winterruhe behandelt werden kann.

Der Kot der Bartagamen sollte täglich aus dem Terrarium entfernt werden. Foto: P.M. Müller

5. Futter

Alle Vertreter der Gattung *Pogona* ernähren sich omnivor: Sie fressen sowohl tierische als auch pflanzliche Nahrung. Bartagamen sprechen im Allgemeinen gut auf Futter an, unter Umständen müssen die Tiere an Grünfutter aber erst gewöhnt werden, während Insekten in der Regel lieber angenommen werden.

An Insekten werden Geradflügler wie Heimchen (*Acheta domesticus*), Grillen (*Gryllus* sp.) und Ägyptische Wanderheuschrecken (*Locusta migratoria*) sowie Larven („Mehlwürmer") des Mehlkäfers (*Tenebrio molitor*) bzw. die Mehlkäfer selbst, Larven des Großen Schwarzkäfers (*Zophobas morio*) und Argentinische Schaben (*Blaptica dubia*) gerne verzehrt. Sogar Wespen und Falter, die versehentlich ins Terrarium gelangen, werden begeistert gefressen. Neben Insekten können auch nestjunge Mäuse oder Ratten verfüttert werden. Diese Futtertiere sollten jedoch sehr selten angeboten werden, da die Bartagamen sonst zu stark an Gewicht zunehmen. Zudem ist der Fettgehalt für die Gesunderhaltung bei zu häufiger Fütterung schädlich.

Eine ausführlichere Aufzählung möglicher Futtertiere finden Sie im Anhang dieses Buches.

An pflanzlichem Frischfutter kann man auf eine große Angebotsvielfalt zurückgreifen. Als geeignetes Gemüse ist unter anderem Salat, Zucchini, Aubergine, Karotte und

Im Idealfall werden die lebenden Insekten direkt ins Terrarium gesetzt, sodass die Bartagamen ihr Futter vor dem Fressen erst noch erbeuten müssen. Foto: P.M. Müller

Um eine Verschmutzung des Futters mit Bodengrund zu vermeiden, wird es in einer Schale angeboten. Foto: P.M. Müller

Gurke zu nennen sowie an Kräutern beispielsweise Löwenzahn, Petersilie und Klee. Auch Obst kann gelegentlich angeboten werden. Pflanzen mit Blütenständen, wie z. B. Löwenzahn, werden von den Bartagamen oftmals bevorzugt angenommen. Grünfutter kann auch in getrocknetem Zustand verfüttert werden, wobei auf den Nährstoffverlust hinzuweisen ist. Als willkommene Ergänzung können den Bartagamen auch Blütenpollen angeboten werden. Eine ausführliche Auflistung verschiedener geeigneter und ungeeigneter Pflanzen finden Sie ebenfalls im Anhang dieses Buches. Für die Gesundheit der Bartagamen ist die Schadstoffbelastung durch eine entsprechende Wahl der Herkunft des Grünfutters möglichst zu reduzieren. So sollten Gemüse, Kräuter und Obst möglichst aus kontrolliert biologischem Anbau entstammen, und man sollte beim Sammeln in der Natur darauf achten, dass die Entfernung zur nächsten Straße ausreichend groß ist.

Fertigfutter wie Futterpellets oder Dosenfutter stellen eine mögliche Alternative für absolute Notfälle dar. Sie können bei Bedarf (z. B. Urlaub des Pflegers) einer unerfahrenen Person das Füttern erleichtern. Grundsätzlich ist die Qualität von „natürlichen" Futterpflanzen und -insekten hinsichtlich Vitaminen sowie Nähr- und Ballaststoffen aber unersetzlich.

Im natürlichen Habitat gehören auch kleinere Echsen und Schlangen (SCHMIDA 1968) sowie Vögel, Frösche und Mäuse (ZWINENBERG 1977a, 1977b, 1980) zum Nahrungsspektrum der Bartagame. Gerne werden im Freiland Heuschrecken und Termiten (CAUGHLEY 1971) gefressen, wobei der Anteil an tierischer Nahrung 50 % beträgt. MACMILLEN et al. (1989) stellten bei der

Untersuchung des Mageninhalts adulter *P. vitticeps* im Dezember 1974 einen pflanzlichen Anteil von 67,6 %, im Februar 1975 von 93,8 % und im September 1975 von 95,7 % fest. Die Differenz zu 100 % entfiel jeweils auf tierische Nahrung. Aufgrund der geringen Anzahl untersuchter Individuen (maximal sechs Tiere pro Untersuchungszeitraum) ist das Ergebnis allerdings nur als Tendenz zu werten. Im Februar 1975 untersuchte dasselbe Autorenteam den Mageninhalt von drei juvenilen *P. vitticeps*, wobei ein Verhältnis pflanzlicher zu tierischer Nahrung von 47,6 % zu 52,4 % festgestellt wurde.

Bevorzugte Pflanzen im natürlichen Habitat sind *Abutilon cryptopetalum*, *A. otocarpum*, *Convulvus erubescens*, *Portulaca pilosa*, *Radyera farragei*, *Senecio magnificus*, *Sida cryphiopetala*, *S. filiformis*, *S. rohlenae* und *Wahlenbergia communis* (McAlpin 1995).

Auch Badham (1971a) untersuchte das Nahrungsspektrum frei lebender *P. vitticeps* mit folgenden Ergebnissen für Insekten und Wirbeltiere: 0,8 % Hundertfüßer (Centipedes), 1,1 % Spinnen, 1,4 % Ameisen (Hymenoptera), 1,7 % Hautflügler (Hymenoptera, ohne Ameisen), 0,2 % Schaben (Blattariae), 1,0 % Käfer und deren Larven (Coleoptera), 83,0 % Termiten (Isoptera), 0,2 % Wanzen (Hemiptera), 0,2 %

Futtertiere werden kurz vor dem Verfüttern mit einem Vitamin- und Mineralstoffpräparat bestäubt.
Foto: M. Zawadzki

Zur Versorgung von Vitaminen und Mineralstoffen eignen sich diverse Präparate aus dem Handel. Foto: M. Zawadzki

Fangschrecken (Mantodea), 6,4 % Geradflügler (Orthoptera), 3,8 % Schmetterlingslarven (Lepidoptera), 0,1 % Bandfüßer (Millipedes) und 0,2 % Agamen.

Genaue Angaben zu den jeweils erforderlichen Futtermengen können nur schwer gegeben werden, da sie von verschiedenen Parametern abhängen, wie z. B. der Häufigkeit der Fütterungen, Anzahl der Futtertiere oder Anteil des vegetarischen Futters sowie der Größe und dem Ernährungszustand der Bartagame. Grundsätzlich können Jungtiere bis zu einem Alter von zehn Monaten (juvenil bis subadult) reichlich gefüttert werden. Schädliche Auswirkungen, auch langfristig, sind nicht zu befürchten. Es sollte jedoch spätestens dann das Füttern eingestellt werden, wenn die Tiere anfangen, das Fresstempo deutlich zu verlangsamen oder deutlich sichtbar zu atmen beginnen. Bei älteren Bartagamen ist maßvoller zu füttern. Als Anhaltswert kann gelten, dass sie lediglich 50 bis 60 % der Menge erhalten, die sie fressen würden, bis sie das Fresstempo verlangsamen, oder bei der sie beginnen würden, heftiger zu atmen.

Insekten wie Mehlkäferlarven oder Larven des Großen Schwarzkäfers („*Zophobas*“), Schaben und nestjunge Mäuse oder Ratten sind nur in mäßigem Umfang zu verfüttern, da diese Futtertiere einen hohen Fettanteil haben, der bei häufiger Gabe den Bartagamen schadet. Agile Futtertiere wie z. B. Grillen oder Heuschrecken sind für Bartagamen empfehlenswert, da sie ein wesentlich besseres Verhältnis des Fettanteils zum Nährstoffgehalt aufweisen und zudem die Bartagamen beim Beutefang zu mehr Bewegung anregen.

Bartagamen gelten als sogenannte Ansitzjäger, d. h., sie warten ruhig, bis ein Futtertier nahe genug an sie herankommt, bevor sie die Beute fangen. Im beengten Lebensraum Terrarium jagen sie jedoch meist begeistert den

Futtertieren hinterher. Unter Umständen kann man bei einer Fütterung auch beobachten, dass Bartagamen ihre Schwanzspitze horizontal bewegen, da sie so ihre innere Anspannung zum Ausdruck bringen.
Im Idealfall werden die lebenden Insekten direkt ins Terrarium gesetzt, sodass die Bartagamen ihr Futter vor dem Fressen erst noch erbeuten müssen. Insekten, die nicht gefressen wurden, sollten vom Pfleger wieder entfernt werden. Um die Erfolgsaussichten zu erhöhen und den Stressfaktor für alle Beteiligten möglichst gering zu halten, ist ein beherztes aber ruhiges Herausfangen der überschüssigen Futtertiere zu praktizieren. Insekten, die ein Versteck gefunden haben, aus dem sie nicht so einfach wieder entfernt werden können, wird über Nacht etwas feuchtes Grünfutter angeboten. Im Allgemeinen bevorzugen Insekten frisches Grünfutter, und so kann vermieden werden, dass die Bartagamen während ihres Schlafs von den Futtertieren angeknabbert werden. Bisswunden durch Insekten können zu Infektionen führen, und besonders bei jüngeren Tieren kann ein stärkerer Insektenbefall auch tödlich enden.
Aufgrund ihres Potenzials als Hausschädlinge ist es empfehlenswert, auf Heimchen (*Acheta domesticus*) und Kurzflügelgrillen

Eine adulte *Pogona vitticeps* beim Erbeuten und fressen einer Schwarzkäferlarve Fotos: P.M. Müller

Kleiner Aufbewahrungs- und Zuchtbehälter für Argentinische Schaben (*Blaptica dubia*) Foto: M. Zawadzki

(*Gryllodes sigillatus*) bei der Fütterung zu verzichten und stattdessen Grillen (*Gryllus* sp.) zu bevorzugen. Heimchen und Kurzflügelgrillen können in unseren Breiten durchaus erfolgreich im Haus überleben und sich dort auch vermehren.

Vegetarisches Futter wird von Bartagamen, wie erwähnt, oft nicht so bereitwillig akzeptiert wie Insekten. Dann ist vom Halter ein gewisses Maß an Geduld gefragt, aber auch beim Angebot ist immer wieder für Abwechslung zu sorgen, da bei den Bartagamen individuelle Vorlieben bestehen und die Akzeptanz einzelner Futtermittel im Laufe der Zeit variieren kann. Das Grünfutter wird nach dem Waschen abgetrocknet ins Terrarium gegeben. Um eine Verschmutzung des Futters mit Bodengrund zu vermeiden, wird es in einer Schale oder z. B. auf einem Stein angeboten. Unverzehrtes Grünfutter sollte wieder aus dem Terrarium entfernt werden.

Bis zum Alter von vier Monaten werden die jungen Bartagamen zweimal täglich gefüttert. Im Alter von vier bis zehn Monaten sollten die juvenilen Tiere täglich gefüttert werden, und ab einem Lebensalter von zehn Monaten wird lediglich drei- bis viermal pro Woche gefüttert.

Besonders innerhalb des ersten Lebensjahres sollte darauf geachtet werden, keine zu großen Futtertiere zu verabreichen. Die Größe des Futtertiers sollte in diesem Alter maximal der Kopfbreite der Bartagame entsprechen. Im Zweifelsfall sollte man lieber ein zu kleines als ein zu großes Futtertier auswählen. Adulten Bartagamen können aber auch Insekten wie z. B. Schaben oder Heuschrecken angeboten werden, die nicht sofort problemlos ins Maul aufgenommen werden können.

Jungtiere bekommen innerhalb der ersten vier Lebensmonate primär Insekten gereicht. Verschiedene Kräuter und Gemüse sollten jedoch ebenfalls immer wieder angeboten werden, denn Bartagamen, die erst als adulte

Tiere Grünfutter bekamen, zeigten eine schlechtere Akzeptanz für vegetarische Kost als Tiere, die bereits frühzeitig daran gewöhnt wurden. Bartagamen ausschließlich vegetarisch zu ernähren, ist jedoch nicht möglich und als nicht artgerecht abzulehnen. Beim Angebot von tierischem und vegetarischem Futter sollte ein Verhältnis von 1 : 1 bis 1,4 : 1 zugunsten des tierischen Anteils gewählt werden.

Futtertiere sind vor dem Verfüttern in geeigneten Behältern aufzubewahren. Die üblichen Verkaufsverpackungen (z. B. sogenannte Heimchendosen) sind zur Aufbewahrung allerdings ungeeignet, wohingegen Plastikterrarien oder Ähnliches empfehlenswert sind. Das Plastikterrarium wird einfach eingerichtet (z. B. mit Hilfe von Eierkartons), um den Insekten Lauffläche zu bieten, und außerhalb des Sichtbereichs der Bartagamen aufgestellt. So gehaltene Insekten können problemlos mit frischem Futter und Feuchtigkeit versorgt werden. Eine gute Ernährung der Futterinsekten kommt wiederum den Bartagamen zugute, da gut genährte Futtertiere mehr Vitamine und Nährstoffe enthalten.

Um eine ausreichende Versorgung mit wichtigen Vitaminen und Mineralien sicherzustellen, müssen die Futtertiere sowie das vegetarische Futter aber zusätzlich mindestens bei jeder zweiten Fütterung mit einem geeigneten Mineralstoff- und Vitaminpräparat (z. B. Korvimin ZVT oder Herpetal) bestäubt werden. Zur weiteren Versorgung mit Mineralstoffen kann auch ein zerkleinerter Sepiaschulp sowie Muschelgrit frei im Terrarium angeboten werden, sodass diese kleinen Stückchen von den Tieren nach Bedarf aufgenommen werden können.

Grundsätzlich ist bei den Fütterungen immer ein gewisses Maß an Abwechslung erforderlich. Dies bezieht sich nicht nur auf das Grünfutter, auch bei Futtertieren muss unbedingt variiert werden, um eine möglichst ausgewogene Ernährung sicherzustellen.

Eine adulte *Pogona vitticeps* frisst eine Schwarzkäferlarve von der Pinzette.
Foto: K. Kunz/A. Calgua

Sollen heimische Pflanzen oder Insekten verfüttert werden, so sind die Schutzbestimmungen für die heimische Flora und Fauna unbedingt zu beachten. Des Weiteren ist zur Vermeidung einer unnötigen Belastung mit Schadstoffen für die Bartagamen darauf zu achten, dass nicht nur Pflanzen, sondern auch Insekten in möglichst großer Entfernung von der nächsten Straße gesammelt werden und keine Insektizide oder Herbizide in der Umgebung gesprüht wurden.

6. Umgang mit Bartagamen

Die meisten Bartagamen zeigen sich dem Menschen gegenüber friedfertig. Selten verhalten sich einzelne Exemplare dem Menschen gegenüber auch aggressiv und versuchen zu beißen. Der Großteil der Bartagamen verhält sich so, dass sich die Echsen ohne Probleme in bzw. auf die Hand nehmen lassen. Unwillige Exemplare zeigen eher ein Flucht- als ein Angriffsverhalten. Bartagamen sind duldsame Tiere und nehmen Berührungen durch Menschen hin, genießen diese nach allgemeiner Auffassung aber nicht. Ein Schließen der Augen ist kein Ausdruck von Behaglichkeit, sondern lediglich eine Schutzfunktion.

Trotz der allgemein friedlichen Veranlagung von Bartagamen sollte der Umgang mit ihnen nicht zu leichtfertig gehandhabt werden. Bartagamen besitzen eine starke Kiefermuskulatur. So werden z. B. problemlos Tonkugeln für Pflanzen in Hydrokultur zerbissen. Besonders für Kinderfinger könnte der Biss einer Bartagame unabsehbare Folgen nach sich ziehen. Bisswunden sind grundsätzlich ärztlich versorgen zu lassen, da die Gefahr einer Infektion besteht.

Werden Bartagamen ihrem Lebensraum Terrarium entnommen, so ist darauf zu achten, dass sie nicht flüchten können und ihre Gesundheit z. B. durch Zugluft nicht gefährdet wird. Ein freier Auslauf im Wohnraum ist generell abzulehnen. In Teppichböden können sich die Krallen so verhaken, dass sogar schon Zehenbrüche vorgekommen sind. Auf glatten Böden wie z. B. PVC, Laminat, Parkett oder Fliesen finden die Krallen der Agamen dagegen keinen Halt, sodass die Tiere ihre Bewegungen nicht mehr kontrollieren können und immer wieder hilflos ins Rutschen kommen. Außerdem besteht die Gefahr, dass eine Agame unabsichtlich gequetscht wird (z. B. von einer Tür) oder aber ein Mensch versehentlich auf das Tier tritt. Ferner sind die klimatischen Bedingungen auf dem Fußboden als nicht artgerecht zu werten, und oftmals herrscht auch gerade in Bodennähe Zugluft, die vom Pfleger nicht wahrgenommen wird.

Trotz jahrzehntelanger Nachzucht ähneln Bartagamen mehr ihren wilden Vorfahren als klassischen Haustieren und sind somit unverändert als Wildtiere mit den entsprechenden Bedürfnissen an die Haltung zu betrachten.

Der Großteil der Bartagamen lässt sich ohne Probleme in bzw. auf die Hand nehmen. Dennoch sind die Reptilien keine „Streicheltiere".
Foto: M. Weber

7. Entscheidungshilfen vor dem Kauf

Vor der Anschaffung einer oder mehrerer Bartagamen sollten einige Punkte überdacht werden:

- Besteht die Bereitschaft, einer Bartagame über zehn oder mehr Jahre hinweg ein artgerechtes Leben zu bieten?
- Wie sind die Familienmitglieder einem Terrarium, Bartagamen und auch Futterinsekten gegenüber eingestellt (auch unter Berücksichtigung eventuell aus dem Terrarium entkommener Futterinsekten)?
- Können die Kosten für Terrarium, Beleuchtung, Futter, Strom und Tierarzt aufgebracht werden?
- Ist die Versorgung der Bartagame während der Urlaubszeit ebenfalls sichergestellt?

Ist der Entschluss zur Anschaffung einer Bartagame getroffen, ein geeignetes Terrarium aufgestellt und artgerecht gestaltet und sind die Temperaturen im Terrarium eingestellt, so steht als Nächstes die eigentliche Anschaffung einer oder mehrerer Bartagamen an. Bartagamen können von einem Zoofachhändler oder einem privaten Züchter bezogen werden. Ein privater Züchter bietet in den allermeisten Fällen Vorteile, da man durch das direkte Gespräch mit ihm von dessen Erfahrungen profitieren kann und auch nach der Anschaffung bei Problemen oder Unsicherheiten ein direkter Ansprechpartner zur Verfügung steht.
Grundsätzlich sollte vor der Anschaffung das Terrarium, in dem der potentielle Pflegling zu diesem Zeitpunkt gehalten wird, hinsichtlich artgerechter Haltung und Sauberkeit aufmerksam geprüft werden. Werden in dem Terrarium Tiere gehalten, die anscheinend krank sind, unterernährt wirken oder gar bereits verstorben sind (klingt unglaublich, aber geschieht tatsächlich!), so ist von einem Kauf dringend abzuraten.

Die ausgewählte Bartagame sollte ein aufmerksames Verhalten zeigen und ihre Umgebung interessiert beobachten, die Augen sollten klar und leicht glänzend aussehen.
Foto: R. Pesch

Ausgewählte Tiere sollten in Ruhe begutachtet werden. Die Agame muss einen guten Allgemeinzustand zeigen und darf keine hervorstehenden Knochen (vor allem an der Schwanzbasis) aufweisen, die auf Unterernährung oder aber auch auf eine Krankheit hinweisen könnten. Foto: H. Grimm

Verschiedenfarbige Bartagamen Foto: M. Weber

Die ausgewählte Bartagame sollte in Ruhe beobachtet und im Anschluss eingehend auf der Hand begutachtet werden. Das Tier muss einen guten Allgemeinzustand zeigen. Es sollten keine hervorstehenden Knochen (vor allem an der Schwanzbasis) sichtbar sein, die auf Unterernährung oder aber auch auf eine Krankheit hinweisen könnten. Andererseits sollte das Tier auch auf keinen Fall verfettet sein, wobei ein solcher Gesundheitszustand schon wesentlich schwieriger zu beurteilen ist. Auch die Extremitäten sollten eine normale Stellung aufzeigen. Eine abnormale Stellung kann ihre Ursache in Krankheiten haben, wie z. B. Rachitis bzw. Osteomalazie, oder auf schlecht versorgte Knochenbrüche hinweisen. Ebenso darf die Wirbelsäule keine unnatürliche Form (Krümmungen, Beulen, Wellen) erkennen lassen.

Die ausgewählte Bartagame sollte ein aufmerksames Verhalten zeigen und ihre Umgebung interessiert beobachten, die Augen sollten klar und leicht glänzend aussehen. Wird die Bartagame auf die Hand genommen und schließt dabei die Augen, handelt es sich um einen Schutzmechanismus und ist kein Grund zur Besorgnis. Die Nasenöffnungen und das Maul dürfen keine Beläge aufweisen, keine schleimigen Flüssigkeiten absondern und nicht verklebt sein. Die Kloake eines gesunden Tieres ist geschlossen und sauber. Bei einer kotverschmierten Kloake ist aufgrund eventueller Krankheiten von einem Kauf dringend abzuraten.

Ein Befall mit Ektoparasiten, im Besonderen mit Milben, ist kein grundlegendes Problem, erfordert jedoch meist längere, konsequente medizinische Behandlungen zur Beseitigung der Schmarotzer, die das Tier auf Dauer stark schwächen. Bei fehlender bis geringer Erfahrung in der Haltung von Reptilien ist auch hier von einem Kauf dringend abzuraten.

Kleine Schönheitsfehler wie zum Beispiel eine fehlende Schwanzspitze oder eine fehlende Zehe sind bei einem ansonsten gesund und fit erscheinenden Tier nur von optischer Bedeutung. Es sei jedoch darauf hingewiesen, dass bei Bartagamen abgebissene Schwanzspitzen oder Zehen nicht regenerieren (d. h. nicht wieder nachwachsen).

Porträt einer *Pogona vitticeps* der roten Inlandform Foto: H. Grimm

8. Transport

Für den Transport von Reptilien eignen sich, je nach Tiergröße, verschiedene Methoden. Kleine Bartagamen können in Kunststoffterrarien mit fest sitzendem Deckel transportiert werden. Je nach Größe können auch Dosen mit Lüftungsöffnungen verwendet werden, in denen üblicherweise Futtertiere wie z. B. Grillen verkauft werden. Alle Behältnisse mit glattem Boden sind mit einem saugfähigen Material auszulegen. Einlagen aus Küchenpapier, Stofftüchern oder Ähnlichem nehmen Ausscheidungen auf und geben den Tieren Halt, sodass sie nicht unkontrolliert in dem Behältnis umherrutschen. Größere Bartagamen können sehr gut in Stoffsäcken entsprechender Größe transportiert werden.
Grundsätzlich ist darauf zu achten, dass die Tiere vor unkontrollierten thermischen Einflüssen und Verletzungen geschützt sind. Thermische Probleme entstehen z. B. durch Sonneneinstrahlung oder zu kühle Außentemperaturen. Werden Bartagamen in ihrer eigentlichen Transportverpackung zusätzlich in Styroporboxen oder Kühltaschen gelegt, können solche Einflüsse verhältnismäßig gut nivelliert werden. Auf ausreichende Luftzufuhr ist selbstverständlich zu achten. Bei sehr kalter Witterung kann unter großer Vorsicht mit einem Wärmekissen oder einer Wärmflasche ein Temperaturverlust während des Transports vermieden werden. Ein Hitzestau in dem Transportgefäß ist allerdings ebenso dringlich zu vermeiden. Der Transportzeitraum sollte grundsätzlich auf das mögliche Minimum reduziert werden.

Mögliche Behälter für den Transport von Bartagamen: Styroporbox, Plastikterrarium, kleine Kunststoffschachtel und Beutel. Foto: M. Zawadzki

9. Verhalten der Bartagame im Terrarium

Bartagamen sind sogenannte Augentiere und beobachten aufmerksam alles, was in ihrer Umgebung passiert.
Foto: M. Zawadzki

Pro Terrarium kann grundsätzlich nur eine männliche Bartagame gehalten werden. Auch bei einer gemeinsamen Aufzucht von Jungtieren tritt mit der Geschlechtsreife der Drang nach erfolgreicher Revierbesetzung unausweichlich auf. Infolgedessen werden bei Gemeinschaftshaltung mehrerer männlicher Bartagamen in fast allen Fällen Probleme auftreten. Auch groß dimensionierte, stark strukturierte Terrarien können Kämpfe zwischen den männlichen Tieren kaum vermeiden.

Sollen Bartagamen als Gruppe gehalten werden, so hat sich die Haltung von einer Gruppengröße mit einem Männchen und zwei bis drei Weibchen bewährt. Bei einer Vergesellschaftung mit mehr als drei Weibchen kann für das Männchen zu großer Stress entstehen. Es ist dann permanent damit beschäftigt, die Gruppe zu kontrollieren, um seine ranghohe Stellung zu behalten.

Bei Paarhaltung wiederum kann die Schwierigkeit darin bestehen, ein harmonisierendes Pärchen zusammenzustellen. Zudem wird während der Paarungszeit in den meisten Fällen das Weibchen massiv durch das Männchen bedrängt.

Die Haltung eines einzelnen Tieres ist hingegen problemlos möglich. Es muss jedoch beachtet werden, dass auch einzeln gehaltene Weibchen unter Umständen Gelege produzieren. Zur Vermeidung einer Legenot ist ein

Drohendes *Pogona-vitticeps*-Männchen Foto: P.M. Müller

geeigneter Ablageplatz für die unbefruchteten Eier herzurichten.

Bartagamen sind sogenannte Augentiere. Das bedeutet, dass die Agamen stark auf optische Reize reagieren, Geruchs- und auch Hörsinn sind deutlich schwächer ausgebildet. Bartagamen erkunden jedoch eine neue Umgebung (z. B. auch nach einer Terrarienumgestaltung), indem sie an den Einrichtungsgegenstände lecken. Bei diesem Vorgang werden Duftmoleküle über die Zunge an das im Gaumendach liegende Jacobsonsche Organ befördert, das bei Bartagamen für die Wahrnehmung von Duftstoffen verantwortlich ist. So werden über die Zunge z. B. verschiedene chemische Bestandteile von Pflanzen an das Jacobsonsche Organ weitergeleitet und dort klassifiziert (COOPER 2000).

Bartagamen sind zu einer ausgeprägten innerartlichen Kommunikation fähig. Durch dieses Verhalten können zwischen rivalisierenden Männchen gegebenenfalls Kämpfe vermieden werden. Zudem wird in der Natur durch das Vermeiden einer direkten Kon-

frontation die Gefahr einer Entdeckung durch Prädatoren (Beutegreifer) minimiert, da die Agamen nicht durch Kämpfe deren Aufmerksamkeit erregen.
Männliche Bartagamen bevorzugen erhöhte Plätze, die freie Sicht über den Großteil ihres Reviers ermöglichen. In der Rangordnung hoch angesiedelte Weibchen können ein ähnliches Verhalten zeigen. Als erhöhte Plätze werden Äste, Steinaufbauten oder hoch gelegene Stellen an der Rückwand aufgesucht. Das ranghöhere Tier macht mittels schneller Nickbewegungen des Kopfs seinen Revieranspruch gegenüber Eindringlingen geltend. In der Rangordnung tiefer stehende Tiere reagieren mit Beschwichtigungsgesten: meist mit einer Nickbewegung, die jedoch deutlich langsamer als die des ranghohen Tieres ausgeführt wird. Ebenso ist die Amplitude der Nickbewegung bei rangniederen Bartagamen geringer als die der dominanten Tiere. Um die Unterwerfung zu verdeutlichen, wird sogar gleichzeitig mit der Nickbewegung des Kopfes der Oberkörper gesenkt.
Des Weiteren wird von unterlegenen Bartagamen als Beschwichtigungsgeste das „Ärmchendrehen" oder „Winken" vollzogen: Abwechselnd rechts und links wird mit den vorderen Extremitäten von hinten nach vorne ein Kreis beschrieben. Dieses Verhaltensmuster zeigt sich besonders häufig bei juvenilen Bartagamen, die zusätzlich auch die Zehen der kreisenden Pfote auseinanderspreizen. Waren alle Beschwichtigungsgesten vergebens, so packt das ranghöhere das rangniedere Tier, indem es versucht, sich in die Stachelreihe am Hinterkopf zu verbeißen. Gelingt dies, so unternimmt das unterlegene Tier oftmals mittels „Ärmchendrehen" einen weiteren Versuch zur Beschwichtigung.

Treffen zwei annähernd gleich starke Bartagamen aufeinander, von denen sich keine der anderen unterwirft, kommt es zu einem Kampf. Dies ist nicht nur unter Männchen zu beobachten, es kann auch vorkommen, dass sich ein relativ dominantes Weibchen dem Männchen widersetzt. Kommt es also zum Kampf zwischen Bartagamen, so umkreisen sich die Gegner mit einem annähernd zu einer Scheibe abgeflachten Körper sowie mit aufgestelltem Bart. Die „Scheibe" wird zum Gegner hin abgewinkelt, um größer zu erscheinen. Aus der Kreisbewegung heraus versucht nun immer wieder ein Tier auszubrechen, um den Kontrahenten zu beißen und an den Kegelschuppen auf dem Hinterkopf festzuhalten. Gelingt dies, versucht das festgehaltene Tier meist mittels „Ärmchendrehen" das in diesem Moment überlegene Tier zu beschwichtigen.
Kämpfen zwei männliche Bartagamen miteinander, so wird der Gegner vorzugsweise mit einem Biss in die Schwanzwurzel festgehalten, hochgehoben und kurz geschüttelt (Caughley 1975; eigene Beobachtungen). Ebenfalls kann man ein gezieltes Schlagen mit dem Schwanz beobachten. Verharrt die unterlegene Bartagame bewegungslos, lässt das überlegene Tier bald von seinem Gegner ab. Sobald sich das unterlegene Tier aber bewegt, wird das überlegene Tier wieder aktiv, um den Kontrahenten zu stellen. Im natürlichen Habitat hat das unterlegene Tier immer die Möglichkeit, das Revier der stärkeren Bartagame zu verlassen und somit weiteren Kämpfen aus dem Weg zu gehen. Im Terrarium besteht diese Möglichkeit nicht, sodass das schwächere Tier auf Dauer unter Stress steht und unter Umständen sogar schwerwiegende Verletzungen bis hin zum Verlust von Körperteilen erleidet. Kämpfe

zur Bestimmung der Rangfolge innerhalb der Gruppe gehören zum natürlichen Verhalten und sind kein Anzeichen für einen aggressiven Charakter der Bartagame. Gruppeninterne Kämpfe um die Rangfolge laufen meist auch gefahrlos und ohne Verletzungen für die beteiligten Tiere ab.

Das energische Kopfnicken einer männlichen Bartagame mit der entsprechenden Antwort des Weibchens (langsame, demutsvolle Nickbewegung) geht auch der Paarung voraus. Im Unterschied zum bereits beschriebenen Verhalten bei Rangordnungskämpfen entfällt beim Paarungsritual das Abflachen des Körpers sowie das gegenseitige Umkreisen. Eine Kreisbahn wird beim Anbalzen durch das Männchen bei ausreichenden Platzverhältnissen jedoch noch angedeutet.

Das Nicken des Männchens verstärkt sich durch die Kombination mit dem „Aufstampfen" der Vorderbeine zu Beginn der Nickfolge noch: Mit einer kräftigen Aufwärtsbewegung des Vorderkörpers und gleichzeitiger erster Nickbewegung nach oben werden die Vorderbeine angehoben und schnell wieder abgesetzt. Dies kann mehrmals wiederholt werden, bis sich das Männchen dem Weibchen nähert.

„Ärmchendrehen" und das Aufstellen des Bartes kann bereits bei Jungtieren im Alter von wenigen Stunden bis Tagen beobachtet werden. Nicken als Kommunikationsmittel tritt bei Jungtieren dagegen selten auf, erst mit dem Erreichen der Geschlechtsreife gehört es zum regelmäßigen Repertoire der innerartlichen Kommunikation.

Pärchen von *Pogona vitticeps* Foto: M. Weber

Hinsichtlich der Verhaltensweisen sei auf Brattstorm (1971), Carpenter et al. (1970) sowie Daly (1997) verwiesen. Von Brattstorm (1971) und Carpenter et al. (1970) wurden Verhaltensweisen von *P. barbata* untersucht, die jedoch auch auf *P. vitticeps* übertragbar sind. Daly (1997) untersuchte eine „gemischte" Gruppe, da eine männliche *P. vitticeps* mit einer weiblichen *P. barbata* vergesellschaftet wurde.

10. Geschlechtsbestimmung

Der Körper einer männlichen Bartagame (links) wirkt meist athletischer als der Körper einer weiblichen (rechts), d. h., der Muskeltonus ist klarer erkennbar. Foto: M. Weber

Die Geschlechtsbestimmung erfolgt bei Bartagamen in der Regel aufgrund sichtbarer äußerer Merkmale. Es hat sich als vorteilhaft erwiesen, mehrere Jungtiere möglichst gleicher Größe und vor allem gleichen Alters zu betrachten, damit eine Vergleichsmöglichkeit gegeben ist, was die Bestimmung auf jeden Fall erleichtert.

Männliche Bartagamen zeigen in den meisten Fällen einen breiteren, deutlicher vom Hals abgesetzten Kopf als weibliche Exemplare. Männliche Tiere sind auch häufig in der Lage, ihren Bart dunkler zu färben (tiefschwarz) als weibliche Tiere. Der Körper einer männlichen Bartagame wirkt meist athletischer als der Körper einer weiblichen, d. h., der Muskeltonus ist klarer erkennbar.

Bei seitlicher Betrachtung der Unterseite der Schwanzwurzel lassen sich bei Männchen oftmals die Hemipenistaschen als Verdickungen erkennen. Mit entsprechendem Fingerspitzengefühl und erhöhter Aufmerksamkeit kann auch der Schwanz leicht nach oben gebogen werden, um so die Hemipenistaschen – von hinten betrachtet – als zwei beidseitig am Schwanzansatz liegende Erhebungen erkennen zu können.

Geschlechtsreife männliche Bartagamen haben auf der Unterseite der hinteren Oberschenkel deutlich sichtbare Femoralporen (Schenkelporen). Femoralporen sind von ihrem Erscheinungsbild mit älteren Komedonen („Mitessern") zu vergleichen. Bei weiblichen Bartagamen sind Femoralporen nicht oder lediglich schwach ausgeprägt vorhanden. Nach BADHAM (1976) variiert die Schwanzlänge zwischen den Geschlechtern, doch sind hierzu noch weitere Erhebungen erforderlich, um eine Allgemeingültigkeit abzuleiten (WITTEN 1985). Geschlechtsreife Bartagamen können auch unter gezielter Beobachtung zusammengesetzt werden, um aus ihrem Verhalten Rückschlüsse zum jeweiligen Geschlecht ziehen zu können.

Allen optischen, vergleichenden Methoden zur Geschlechtsbestimmung ist gemein, dass adulte Exemplare leichter zu bestimmen sind als juvenile Bartagamen. Bei Jungtieren erfordert die Geschlechtsbestimmung aufgrund äußerer Merkmale viel Erfahrung und Übung. Ein entsprechend geschultes Auge kann jedoch durchaus wenige Tage alte Tiere mit einer passablen Trefferquote bestimmen. Es sei darauf hingewiesen, dass die Bestimmung über Kopfbreite, Halsansatz, Färbung

Männliche Bartagamen (oben) zeigen in den meisten Fällen einen breiteren, deutlicher vom Hals abgesetzten Kopf als weibliche Exemplare und sind auch häufig in der Lage, ihren Bart dunkler zu färben (tiefschwarz) als weibliche Tiere.
Foto: P.M. Müller

des Bartes, Statur und Verhalten unter Umständen daran scheitern kann, dass vereinzelt auch weibliche Bartagamen diese Merkmale deutlicher ausbilden als Männchen.

Eine weitere Methode zur Geschlechtsbestimmung bei Reptilien ist die Sondierung, die bei vielen Reptilien zu einem sicheren Ergebnis führt.

Beim Sondieren wird ein dünner Metallstab mit abgerundeter Spitze (Knopfsonde) in die Hemipenis- oder Hemiclitoristaschen eingeführt. Durch den Vergleich der Eindringtiefe kann dann das Geschlecht bestimmt werden. Bei Bartagamen ist diese Methode jedoch ungeeignet, da sie kein zuverlässiges Ergebnis liefert.

Zur sicheren Bestimmung ist letztendlich nur eine Möglichkeit geeignet: die Endoskopie. Bei einer Endoskopie wird ein flexibler Stab (Sonde) durch einen Einschnitt in die Bauchhöhle der Bartagame eingeführt. An der Spitze der Sonde ist eine optische Einrichtung angebracht, die es dem untersuchenden Tierarzt erlaubt, über einen Bildschirm das Innere der Bartagame zu betrachten. Somit wird deutlich erkennbar, ob das betreffende Tier Hoden oder Eierstöcke besitzt. Einschränkend muss aber darauf hingewiesen werden, dass es sich bei der Endoskopie um einen chirurgischen Eingriff handelt, der ein Gesundheitsrisiko für das Tier darstellt und der nur durch einen fachkundigen Tierarzt vorgenommen werden darf.

11. Vermehrung und Zucht

Pogona vitticeps erreicht die Geschlechtsreife mit einer Kopf-Rumpf-Länge von 13 cm, meist gegen Ende des ersten Lebensjahres. Durch entsprechende Haltungsbedingungen kann der Eintritt der Geschlechtsreife auch zu einem früheren Zeitpunkt forciert werden, was im Hinblick auf die Gesunderhaltung der Agamen jedoch abzulehnen ist. DE VOSJOLI et al. (2001) berichten von Exemplaren, die bereits im Alter von fünf bis sechs Monaten das erste Gelege produzierten, sodass diese Tiere im Alter von einem Jahr bereits drei und im Alter von zwei Jahren bis zu sieben Gelege abgelegt hatten. Ferner wird berichtet, dass Weibchen im Alter von sieben Jahren meist keine Eier mehr ausbilden, ein adultes Weibchen von mir legte jedoch im Alter von über zehn Jahren noch regelmäßig Gelege ab, aus denen vitale Jungtiere schlüpften. Allerdings bildete dieses Tier in seinem ersten Lebensjahr nur ein Gelege aus und legte auch in den darauffolgenden Jahren „nur" zwei bis drei Gelege pro Saison ab.

Paarung von *Pogona vitticeps* Foto: P.M. Müller

Bartagamen erreichen in ihrem natürlichen Habitat die Geschlechtsreife meist in einem Alter von 18 Monaten, die ersten Jungtiere eines Jahres erreichen sie unter Umständen auch bereits sechs Monate früher (CAUGHLEY 1975). Dies ist vom Zeitpunkt des Schlupfs abhängig, da das Wachstum positiv mit der aufgenommenen Nahrungsmenge korreliert. Eine der wichtigsten Bedingungen für die erfolgreiche Nachzucht von

Bartagamen ist aber die Durchführung einer jährlich wiederkehrenden Winterruhe, da die kühlere Ruhephase die Reifung von Eizellen und Spermien ermöglicht.

Bei der Paarung beißt sich das Männchen in der Regel an der Kopfhinterkante des Weibchens fest und umgreift mit den hinteren Extremitäten dessen Schwanz, um ihn anzuheben. Dann presst das Männchen seine Kloake auf die des Weibchens, um einen seiner Hemipenes zur Kopulation einzuführen. Normalerweise wird der Kopf des Weibchens dabei seitlich gehalten, und die Begattung erfolgt von der gegenüberliegenden Seite. War die Paarung erfolgreich, dauert die nun folgende Trächtigkeit rund 40 Tage.

Während der Trächtigkeit ist besonders auf eine ausgewogene Ernährung zu achten. Den Mineralstoffen kommt eine besondere Bedeutung zu, da sie zur Bildung der Eischalen erforderlich sind. Eine zusätzliche Versorgung mit Vitaminen und Mineralstoffen ist für die Entwicklung des Geleges und für die Gesunderhaltung der trächtigen Agame wichtig. Über den Zeitraum der Trächtigkeit sonnt sich das Weibchen deutlich öfter und ausgiebig, um die Entwicklung der Eier zu unterstützen.

Paarungsbiss Foto: P.M. Müller

Trächtiges *Pogona-vitticeps*-Weibchen Foto: M. Weber

Damit die Eiablage möglichst ohne Komplikationen vonstatten geht, ist es erforderlich, dass der Bodengrund an mehreren Stellen im Terrarium 15–25 cm hoch aufgeschüttet wird. Foto: M. Weber

Pro Saison kann ein Weibchen mehrere Gelege produzieren. Eine übliche Anzahl sind drei Gelege innerhalb eines Jahres, manche Tiere bilden jedoch auch deutlich mehr Gelege aus. Es sind Fälle bekannt, wo bestimmte Weibchen bis zu sieben Gelege pro Jahr produzierten. Solche Ausnahmen sind jedoch hinsichtlich der Gesundheit des Weibchens als kritisch zu betrachten. Viele Bartagamen bilden in ihrem ersten Lebensjahr auch gar kein Gelege aus, und häufig sind die Eier des ersten Geleges noch unbefruchtet. Die Gelegeanzahl pro Jahr wächst bis zu einem Alter von drei bis vier Jahren, anschließend reduziert sich die Anzahl allmählich wieder. Verschiedene Halter konnten für *P. vitticeps* die Fähigkeit zur Samenspeicherung nachweisen.

Gelege von *P. vitticeps* bestehen meist aus 15–28 Eiern (HAUSCHILD & BOSCH 1997; JOHNSTON 1979; KENNERSON & COCHRANE 1981; LOVERIDGE 1934; MÜLLER 2002; ROTHENHÖFER 2000; SMITH 1974, 1984; WILLIAMS 1964), stattliche Tiere können aber auch Gelege mit über 40 Eiern absetzen (ROTHENHÖFER 2000). GRENARD (1999) nennt Gelegegrößen von bis zu 50 Eiern, und DE VOSJOLI et al. (2001) nennen gar einen Rekord von 68 Eiern für ein sogenanntes „German Giant"-Tier. Die Eier sind von ovaler Form und weichschalig. Kurze Zeit nach der Eiablage entnommene Eier sind erstaunlich robust: Sogar aus einem im Wassernapf abgelegten Ei, das ca. drei Stunden lang zu 75 % im Wasser lag, schlüpfte bei mir ein gesundes Jungtier.

Eiablage von *Pogona vitticeps* Foto: P.M. Müller

Zum Zeitpunkt der Ablage sind die Eier durchschnittlich 26,6±1,6 mm lang und 16,8±0,7 mm breit, bei einer durchschnittlichen Masse von 3,63±0,38 g (Messergebnis aus 117 Eiern). Die Eihaut ist lederartig, rau und 65–95 mm dick. An Eiern von *P. barbata* wurde erstmals für eine Reptilienart nachgewiesen, dass die Eischale Kalzium-Phosphat enthält (SCHLEICH & KÄSTLE 1988; PACKARD et al. 1990); dieses Ergebnis dürfte sich auch auf *P. vitticeps* übertragen lassen. Durchgeführte Zugversuche an Eischalen ergaben eine extreme Belastbarkeit: Als Extremwert wurde eine Zugfestigkeit von rund 33 kN/mm^2 festgestellt (dies entspricht etwa 330 g pro Quadratmillimeter Fläche).

Während der Zeitigung wachsen die Eier, sodass sie kurz vor dem Schlupf auf ein durchschnittliches Gewicht von 7,01±0,72 g bei einer durchschnittlichen Länge von 27,5±1,8 mm sowie einer durchschnittlichen Breite von 19,2±1,2 mm angewachsen sind (Messergebnis aus 117 Eiern). 10–14 Tage vor dem Schlupf geben die Eier Feuchtigkeit ab und fühlen sich deutlich weicher an als während der vorangegangenen Zeit. Diese Wasserabgabe zeigt sich auch an den Daten zur Eientwicklung über den Inkubationszeitraum: Während der letzten zwei Wochen der Inkubation wachsen die Eier weiter an, das Gewicht jedoch stagniert.

In Abhängigkeit der Gelegegröße, der individuellen Unterschiede bei Bartagamen und/ oder der Erfahrung des Halters ist die Trächtigkeit eines Weibchens nicht immer optisch erkennbar.

Ei- und Schlüpflingsdaten

Ei-Gewicht [n = 117]				
Alter [Tage]	Mittelwert [g]	s (+/-) [g]	Maximum [g]	Minimum [g]
0	3,63	0,38	4,42	2,72
7	4,04	0,31	4,58	3,34
14	4,71	0,47	5,92	3,57
21	4,99	0,42	5,97	4,18
28	5,43	0,51	6,60	4,18
35	5,64	0,54	6,94	4,53
42	5,95	0,58	7,61	4,79
49	5,91	0,68	7,94	4,53
56	7,01	0,72	7,67	4,12

Ei-Länge [n = 117]				
Alter [Tage]	Mittelwert [g]	s (+/-) [g]	Maximum [g]	Minimum [g]
0	26,55	1,64	29,9	24,0
7	27,32	1,15	30,4	23,2
14	28,88	1,42	31,6	22,6
21	29,47	1,69	32,2	23,1
28	30,12	1,68	33,2	23,5
35	29,35	1,71	32,9	23,7
42	28,22	1,73	32,8	24,4
49	27,75	1,74	32,5	24,5
56	27,52	1,78	31,6	24,0

Ei-Breite [n = 117]				
Alter [Tage]	Mittelwert [g]	s (+/-) [g]	Maximum [g]	Minimum [g]
0	16,78	0,72	18,50	15,30
7	17,57	0,73	18,60	16,00
14	19,81	0,79	21,00	16,00
21	19,97	0,87	21,30	16,70
28	20,04	0,91	21,60	17,40
35	20,02	0,96	21,65	17,40
42	19,95	0,99	21,80	17,40
49	19,81	1,03	22,10	17,80
56	19,16	1,16	21,70	16,40

Ei-Breite/Ei-Länge [n = 117]				
Alter [Tage]	Mittelwert	s (+/-)	Maximum	Minimum
0	1,58	0,13	1,89	1,36
7	1,44	0,09	1,69	1,26
14	1,60	0,16	1,82	1,20
21	1,33	0,30	1,56	1,19
28	1,58	0,24	1,87	1,30
35	1,44	0,12	1,82	1,19
42	1,43	0,18	1,79	1,18
49	1,40	0,11	1,74	1,18
56	1,35	0,37	1,85	1,23

Schlüpflinge [n = 117]				
	Mittelwert	s (+/-)	Maximum	Minimum
KRL [mm]	4,26	0,23	4,35	2,84
SL [mm]	6,14	0,35	6,82	4,69
SL/KRL	1,57	0,09	2,40	1,15
GL [mm]	10,36	0,47	10,59	8,76
Gewicht [g]	3,18	0,18	3,42	2,37

Eischalen [n = 117]				
	Mittelwert	s (+/-)	Maximum	Minimum
Gewicht [g]	0,13	0,06	0,44	0,05

Zur Zeitigung werden die Eier in Vermiculit gebettet.
Foto: P.M. Müller

Findet eine trächtige *P. vitticeps* keine ihr geeignet erscheinende Eiablagestelle im Terrarium, kann es zu einer Legenot kommen. Damit die Eiablage möglichst ohne Komplikationen vonstatten geht, ist es erforderlich, dass der Bodengrund an mehreren Stellen im Terrarium entsprechend vorbereitet wird. Hierzu ist der Bodengrund mindestens 15–25 cm hoch aufzuschütten; als Richtwert für die mindestens erforderliche Substrattiefe zur Eiablage dient die Kopf-Rumpf-Länge der Bartagame. Für die Eiablage ist es den meis-

Das Weibchen liegt nach der Kräfte raubenden Eiablage erschöpft in der Ablagehöhle. Foto: P.M. Müller

ten Agamen wichtig, dass sie sich komplett eingraben können. Gerne werden auch ausreichend große, tiefe Höhlen unter Steinplatten, Korkrindenstücken oder Ähnlichem angenommen. An den potentiellen Ablagestellen muss der Bodengrund gut angefeuchtet werden, d. h., der Boden sollte feucht, darf aber nicht nass sein. Nasses Substrat wird für die Eiablage nicht angenommen. Um der Bartagame eine freie Wahl des ihr geeignet erscheinenden Ablageplatzes zu ermöglichen, sind verschiedene Stellen im Terrarium entsprechend vorzubereiten. Diese Stellen sollten so gewählt werden, dass an ihnen unterschiedliche Temperaturen vorherrschen. Die einmal bevorzugte Eiablagestelle wird allerdings nicht zwangsläufig bei jedem Gelege wieder gewählt, sodass grundsätzlich mehrere Plätze anzubieten sind.

Hat die Agame die Möglichkeit, in einem ausreichend tiefen und standfesten Bodengrund zu graben, so wird bei der Eiablage eine Art Eikammer angelegt. Hierzu gräbt das Tier im Winkel von unter 45° einen ca. 35 cm langen Gang, der nach einer abrupten horizontalen und auch vertikalen Richtungsänderung von ca. 45° noch rund 20 cm horizontal weitergeführt wird. Das Ende des Ganges wird dann zur Eikammer aufgeweitet (JOHNSTON 1979). Ist der Zeitpunkt der Eiablage nicht mehr weit, stellt das Weibchen häufig die Nahrungsaufnahme ein und unternimmt Probegrabungen. Je nach Temperament kann es sein, dass das Weibchen im Rahmen seiner Probegrabungen das komplette Terrarium umgräbt. Je nach Relation von Gelege- zu Bartagamengröße kann sich zu diesem Zeitpunkt unter Umständen das Gelege bereits deutlich an der Flanke des Tiers abzeichnen. Idealerweise werden die anderen Mitbewohner des Terrariums nun bis zur Beendigung der Ablage in einem anderen Terrarium un-

Gelege im Sand Foto: P.M. Müller

tergebracht; es sollte jedoch nicht das trächtige Weibchen umgesetzt werden, um keine Legenot zu riskieren.

Weibliche *P. vitticeps* können ihre Gelege in einem Abstand von nur drei Wochen absetzen, als außergewöhnlich kurze Abstände müssen aber Zeiträume von unter drei Wochen betrachtet werden: So berichtet MANTELL (2000) von einem Weibchen, das zwei Gelege im Abstand von lediglich 13 Tagen absetzte.

Zur Bebrütung der Gelege eignet sich ein Flächenbrüter, wie hier die „Kunstglucke" der Fa. Jäger. Foto: P.M. Müller

Die Eiablage erfolgt in den meisten Fällen während der späten Nachmittagsstunden, eine normal verlaufende Ablage dauert bei *P. vitticeps* selten länger als 150 Minuten. Nachdem das Weibchen alle Eier abgesetzt hat, verfüllt es sorgsam die Eigrube und verdichtet den Bodengrund durch kräftige Kopfstöße. Je nach Terrarieneinrichtung kann nach Abschluss des Prozederes die Eiablagestelle nur noch schwer zu erkennen sein. Sobald das Weibchen sein Gelege zugegraben und die Ablagestelle verlassen hat, können die Eier aus dem Terrarium entnommen werden. Entnimmt der Halter die Eier zu einem früheren Zeitpunkt, wird der natürliche Ablauf der Ablage für das Weibchen gestört, worauf manche Weibchen deutlich irritiert reagieren. Mit der Eiablage endet für das Weibchen die Verantwortung für den Nachwuchs, einzelne Tiere verteidigen allerdings noch für wenige Stunden die Ablagestelle.

Die relative Gelegemasse (Verhältnis Gelegemasse zur Masse des Weibchens nach der Eiablage) beträgt im Mittel 0,22 (minimal = 0,14; maximal = 0,26; Standardabweichung s = ±0,05; Umfang der Probe: n = 6). Die Eier werden nun in einen bereits vorbereiteten Inkubator (Motor- oder Flächenbrüter, z. B. Jäger-Kunstglucke) überführt und vorzugsweise in feuchtes, auf keinen Fall nasses, Vermiculit (mittlere Körnung) gebettet. Als günstig hat sich ein Mischungsverhältnis Vermiculit : Wasser von 1 : 1 Gewichtsanteilen gezeigt. Wird der Wasseranteil erhöht, verlangsamt sich das Eiwachstum (PINTAVALLI 1994) und das Risiko von Schlupfproblemen steigt an. Erfolgt die Entnahme der Eier kurz nach der Ablage, so sind Lageveränderungen des Eies für den Keimling noch unbedenklich. Erfolgt sie aber erst zu einem späteren Zeitpunkt, ist darauf zu achten, dass die Eier beim Ausgraben sowie beim Einbringen in den Inkubator nicht in ihrer Lage verändert werden. Vor allem Lageveränderungen um die Längs- und Querachse des Eies sind möglichst zu vermeiden, denn wird das Ei so gedreht, kann sich der Dotter über den Embryo legen und somit die Sauerstoffzufuhr abschneiden, was unweigerlich den Tod des Embryos zur Folge hätte. Im Gegensatz zu Vogeleiern ist der Embryo im Reptilienei in seiner Lage fixiert, sodass er nicht in der Lage ist, ohne eine neuerliche Eidrehung wieder nach oben zu gelangen.

Bei der Entnahme der Eier und der Zeitigung ist noch Folgendes zu beachten: Die Eier werden vorsichtig dem Terrarium entnommen und in der vorgefundenen Lage im Zeitigungssubstrat abgelegt. Die Eier wer-

Schlüpfendes Jungtier Foto: P.M. Müller

Einfach eingerichtetes Aufzuchtterrarium Foto: P.M. Müller

Eine Aufzucht kleiner Bartagamen gleichen Alters in größeren Gruppen ist über einen Zeitraum von bis zu drei Wochen meist gut möglich. Foto: P.M. Müller

den zu ungefähr drei Vierteln in das Substrat eingegraben. Um die Eier bei späteren Kontrollen möglichst wenig zu stören und um einen ungestörten Gasaustausch durch die Eischale zu gewährleisten, bleibt der obere Teil des Eis unbedeckt.

Liegt die relative Luftfeuchtigkeit bei Werten zwischen 90 und 100 % und die Temperaturen in einem Bereich zwischen 28 und maximal 30 °C, so dauert es bis zum Schlupf der Bartagamen durchschnittlich 55 Tage. Wird der obere Wert von 30 °C überschritten, kann das Gelege Schaden nehmen und überdurchschnittlich viele Jungtiere weisen dann Behinderungen auf, sind nicht lebensfähig oder nicht in der Lage, selbstständig das Ei zu verlassen. Gelegentlich wird zwar auch von höheren Zeitigungstemperaturen berichtet (z. B. van Steijn 1989a, 1989b; Sherriff 1989), doch sei aufgrund eigener Erfahrungen hiervon abgeraten. Ebenso nachteilig wirken sich auch Zeitigungstemperaturen unter 27 °C aus (Pflugmacher 1986). In ihrem natürlichen Habitat in Australien

Jungtier von *Pogona vitticeps* Foto: P.M. Müller

benötigen die Gelege ca. drei Monate bis zum Schlupf der Jungtiere (SMITH 1974).

Eine Beeinflussung des Geschlechterverhältnisses durch die Inkubationstemperatur ist nicht möglich, denn das Geschlecht der Schlüpflinge ist über das Erbgut (GSD = genotypic sex determination) festgelegt (EZAZ et al. 2005; QUINN et al. 2007; VALENZUELA 2004; VIETS et al. 1994).

Die frisch geschlüpften Jungtiere weisen eine Gesamtlänge von 8,76–10,59 cm (im Mittel 10,36 cm; Umfang der Proben: n = 117) und eine Kopf-Rumpf-Länge von 2,84–4,35 cm auf (im Mittel 4,26 cm; Umfang der Proben: n = 117). Zwillinge, also zwei Jungtiere in einem Ei, treten nur selten auf; meist sind sie miteinander verwachsen und sterben schon vor dem Schlupf ab (DE VOSJOLI et al. 2002; FÖRTHER 2002a, 2003; HARTDEGEN & BAYLESS 1999). Ausnahmsweise können zwei miteinander verwachsene Jungtiere auch erfolgreich schlüpfen, doch verenden sie meist nach kurzer Zeit (SWANSON 1997). KÖHLER et al. (2003) berichten von einem lebensfähigen Zwillingsschlupf miteinander verwachsener Tiere, über das erreichte Alter wurden allerdings keine Angaben gemacht.

Die Schlüpflinge können, sobald ihre Bauchdecke vollständig geschlossen ist, in ein Aufzuchtterrarium umgesetzt werden. Schlüpflinge, deren Bauchdecke noch nicht vollständig geschlossen ist, werden zunächst in ein separates Terrarium gesetzt, ebenso wie Schlüpflinge, die einen Dottersack besitzen, der noch nicht vollständig in die Körperhöhle aufgenommen wurde. Die Umgebungsbedingungen in diesem Terrarium (Temperatur und relative Luftfeuchtigkeit) orientieren sich an den Werten des Inkubators. Auf einen Bodengrund in Form von Sand oder Ähnlichem wird verzichtet, gut geeignet als Bodenbelag sind dagegen Fließpapier oder sogenannte Küchentücher. Feuchtigkeitaufnehmende, möglichst hygienische Materialien erleichtern das Erreichen der hohen Werte der relativen Luftfeuchtigkeit, da die aufgenommene Feuchtigkeit langsam wieder an die Luft abgegeben wird.

Es ist unbedingt darauf zu achten, dass keine Fremdkörper in die offene Bauchöffnung der Schlüpflinge gelangen. Tiere mit noch geöffneter Bauchdecke können in einem ausreichend großen Inkubator für kurze Zeit gut in sogenannte Grillendosen (sauber, Lüftungslöcher) gelegt und so in den Brutapparat zurückgestellt werden. Ein Eintrocknen des Dottersackrestes ist zu vermeiden, da es zu ernsthaften Problemen führt, wenn sich der eingetrocknete Rest nicht von alleine löst. Nachdem sich die Bauchdecke geschlossen hat, werden auch diese Schlüpflinge in das Aufzuchtterrarium überführt.

Jungtiere wirken besonders anziehend.
Foto: P.M. Müller

Bei der gemeinsamen Aufzucht in großen Gruppen werden häufig Tiere von Geschwistern unterdrückt, bleiben dann im Wachstum zurück und büßen nicht selten Gliedmaßen oder Schwanzende durch Beißereien ein. Foto: P.M. Müller

Im Alter von drei Tagen nehmen die meisten Jungtiere das erste Futter an. Die Futtertiere der ersten Fütterungen sollten nicht zu lebhaft sein, da kleine Bartagamen das Fangen von Insekten erst lernen müssen. Für die ersten ein bis zwei Tage sind Mehlwürmer (selbstverständlich in entsprechend kleiner Größe) gut geeignet, um die Schlüpflinge zu einer ersten Futteraufnahme zu animieren.

Das Aufzuchtterrarium sollte hinsichtlich Temperatur und Beleuchtung wie für adulte Bartagamen gestaltet werden. Eine Aufzucht im Terrarium der Elterntiere ist nicht möglich, da die Schlüpflinge von ihren Eltern gefressen werden würden. Eine Aufzucht juveniler Bartagamen gleichen Alters in größeren Gruppen ist dagegen über einen Zeitraum von bis zu drei Wochen meist gut möglich. Anschließend sind die jungen Agamen in kleinere Gruppen (zwei bis maximal vier Tiere) aufzuteilen, da ab diesem Zeitpunkt die ersten kurzen Kämpfe zur Herstellung einer Rangordnung innerhalb der Gruppe stattfinden.

Werden die juvenilen Bartagamen zu lange in einer größeren Gruppe gemeinsam in einem Terrarium gepflegt, kann es vorkommen, dass einzelne Tiere versuchen, in die Schwanzspitze oder in die Zehen anderer Tiere zu beißen. Dieses Verhalten deutet weder auf einen schlechten Ernährungszustand noch auf das Geschlecht hin. Auch gut gesättigte Tiere und Weibchen können ein solches Beißverhalten ausbilden. In dieser Entwicklungsphase werden neben den Extremitäten anderer Bartagamen auch vermehrt Einrichtungsgegenstände wie Äste und Steine mit dem Maul geprüft. Eine abgebissene Schwanzspitze oder eingebüßte Zehen stellen in den meisten Fällen nur einen Schön-

Porträt eines *Pogona-vitticeps*-Jungtieres Foto: P.M. Müller

Selbst Jungtiere beherrschen das ganze Verhaltensrepertoire: drohendes Jungtier von *Pogona vitticeps*.
Foto P.M. Müller

heitsfehler dar und beeinträchtigen das betroffene Tier selten. Trotzdem ist es zum Schutz der anderen Bartagamen ratsam, den „Beißer" zu separieren, wenn er sicher bestimmt werden kann.

Je nach Aufzuchtbedingungen kann *P. vitticeps* im Alter von einem Jahr eine Gesamtlänge von über 40 cm erreicht haben und bereits in einem Alter von zehn Monaten die Geschlechtsreife erreichen. Die Lebenserwartung von Bartagamen ist sehr unterschiedlich. DE VOSJOLI & MAILLOUX (1993) hielten ein schon adult erhaltenes Männchen über fünf Jahre bis zu seinem Tod sowie ein weibliches Tier, das bei Erhalt ca. zwei Jahre alt war, ebenfalls über fünf Jahre. SLAVENS & SLAVENS (1992) berichten von einem Tier, das ein Alter von zehn Jahren und einem Monat erreichte. Eine männliche Bartagamennachzucht von mir schlüpfte im Juni 1994 und lebte bis in den August 2004; das erreichte Lebensalter betrug somit zehn Jahre und zwei Monate. Eine meiner weiblichen *Pogona vitticeps* erfreut sich noch im Alter von über 14 Jahren bei Abfassung dieser Zeilen bester Gesundheit und legte gar im Sommer 2005 noch Eier ab, aus denen vitale Jungtiere schlüpften.

Eine Aufzucht im Terrarium der Elterntiere ist nicht möglich, da die Schlüpflinge von ihren Eltern als Nahrung angesehen werden. Foto: P.M. Müller

12. Krankheitsbilder

Bartagamen sind bei entsprechend sorgsamer Pflege mit einer stabilen Gesundheit ausgestattet. Die bei diesen Tieren überwiegend auftretenden Krankheiten sind hauptsächlich haltungsbedingt verursacht und entstehen meist durch unzureichende Hygiene, falsche Ernährung oder unachtsame Pflege. Besonders geschwächte, gestresste oder mangelhaft versorgte Reptilien sind für Krankheiten anfällig. Beim Kauf einer Nachzucht (und es sind von Bartagamen ausschließlich Nachzuchten erhältlich) fallen negative Einflüsse für das Tier wie Fang, Zwischenhälterung und lange Transportwege für Wildfänge weg. Der Transport vom Züchter oder Zoofachhandel zum heimischen Terrarium oder der oftmals praktizierte Versand mittels Spedition (Lieferungen innerhalb von 24 Stunden) stellen hierbei eine relativ kleine Belastung dar.

Gewissenhafte Halter geben ihre Nachzuchten erst ab einem Alter ab, in dem das Tier einen stabilen „Zustand" erreicht hat und sich vital, kräftig und gut fressend präsentieren kann. Das geeignete Alter zur Abgabe von Bartagamen lässt sich nicht pauschal for-

Bartagamen sind bei entsprechend sorgsamer Pflege mit einer stabilen Gesundheit ausgestattet. Foto: R. Pesch

Gewissenhafte Halter geben ihre Nachzuchten erst ab einem Alter ab, in dem das Tier einen stabilen „Zustand“ erreicht hat und sich vital, kräftig und gut fressend präsentieren kann. Foto: H. Grimm

mulieren, da es zum einen von den abzugebenden Tieren und zum anderen von der Erfahrung bzw. Eignung des neuen Halters abhängig ist. Bartagamen aus dem Zoohandel sind besonders sorgfältig zu begutachten. Im Handel werden auch Wildfänge anderer Reptiliengattungen angeboten und teilweise mit Bartagamen vergesellschaftet, wodurch eine Übertragung eventuell vorhandener Krankheitserreger nicht ausgeschlossen werden kann.

Bartagamen sind immer aufmerksam zu beobachten, damit der Halter Veränderungen im Verhalten der Tiere möglichst frühzeitig wahrnehmen kann. Hierdurch kann eine sich entwickelnde Krankheit frühzeitig erkannt und behandelt werden. Für die Behandlung einer Krankheit ist grundsätzlich ein reptilienkundiger Tierarzt hinzuzuziehen. Eine Liste reptilienkundiger Tierärzte kann beispielsweise über die DGHT (siehe „Weitere Informationen“) oder über deren Internetpräsenz (www.dght.de) bezogen werden.

12.1 Endoparasiten (Innenparasiten)

Durch die mikroskopische Untersuchung des Kots durch einen fachkundigen Tierarzt oder ein Fachlabor lassen sich möglicherweise vorhandene Endoparasiten feststellen. Für die Untersuchung einer Kotprobe sollte der Kot so frisch wie möglich sein. Um dem Eintrocknen entgegenzuwirken, wird der Kot in einem kleinen, dichten Gefäß (z. B. Plastiktüte, Filmdose) transportiert und gegebenenfalls mit wenigen Wassertropfen ange-

feuchtet. Ein Kühlstellen des Kots ist nicht erforderlich, da eine kühle Lagerung die Diagnose von Einzellern erschwert.
Die Kotuntersuchung sollte mindestens einmal jährlich durchgeführt werden. Größere Untersuchungsabstände ermöglichen unter Umständen einen erhöhten Befall mit Innenparasiten, der vermeidbar gewesen wäre. Als vorteilhaften Untersuchungszeitpunk hat sich der Zeitraum vor der Winterruhe erwiesen. Wird die Kotuntersuchung so frühzeitig vor der Winterruhe durchgeführt, dass noch vor der Ruhephase eine eventuell notwendige Behandlung durchgeführt werden kann, so können sich während der Ruhezeit keine Endoparasiten ungestört im Verdauungstrakt der Agame vermehren.
Häufig werden mit Hilfe einer Kotprobe verschiedene Schmarotzer aus dem Stamm der Nematoden (Fadenwürmer) festgestellt, wobei am häufigsten Oxyuren (Madenwürmer) diagnostiziert werden. Ein geringfügiger Befall mit Oxyuren ist in der Regel nicht weiter bedenklich, erst ab einem gewissen Grad der Befallstärke ist mit einer Gefährdung der Bartagame zu rechnen. Seltener als Oxyuren werden Strongyliden (Zwergfadenwürmer), Ascariden (Spulwürmer) und Capollarien (Haarwürmer) sowie Trematoden (Saug- oder Lungenwürmer) oder Cestoden (Bandwürmer) diagnostiziert. An Protozoen werden primär Coccidien und Flagellaten nachgewiesen, wobei in Deutschland in letzter Zeit eine Häufung von Fällen mit Coccidien auftrat.
Grundsätzlich sollte ein fachkundiger Tierarzt die Therapie festlegen und die entsprechenden Medikamente zur Behandlung auswählen. Von einer Medikation durch Laien ist aufgrund der möglicherweise schädlichen Wirkungen für die Tiere abzuraten.

12.2 Milben (Acari)

Bei Milben (Acari) handelt es sich um Vertreter der Spinnentiere aus der Klasse der Gliederfüßer (Arthropoda). Milben sind Ektoparasiten (Außenparasiten), die auf, zwischen oder unter den Schuppen schmarotzen. Ein leichter Befall wird meist nur zufällig entdeckt. Wenn der Milbenbefall sichtbar wird, ist bereits ein stärkerer Befall vorhanden. Milben sind besonders an weicheren Hautpartien (Hals, Augen, Ohröffnungen, Schwanzansatz, Extremitäten) festzustellen, wo sie Blut und Lymphflüssigkeit ihres Wirtes saugen. Häufig werden beim Saugen auch Krankheitserreger verbreitet oder Infektionen verursacht.
Ein Milbenbefall lässt sich durch ein vorsichtiges Abbürsten der Bartagame über einem Blatt weißem Papier feststellen, da Milben auf weißem Papier als schwarze Punkte gut sichtbar sind. Aber auch am Verhalten der Tiere kann sich ein Milbenbefall zeigen, denn befallene Tiere scheuern sich oftmals an Einrichtungsgegenständen.
Eine medizinische Behandlung muss bereits bei geringem Befall erfolgen. Hierzu ist in Abstimmung mit einem fachkundigen Tierarzt eine mehrmalige Behandlung aller Terrarienbewohner sowie des gesamten Terrariums und aller Einrichtungsgegenstände erforderlich. Werden mehrere Terrarien im selben Raum betrieben, ist auf eine penible Sauberkeit zu achten, um das Verschleppen der Milben auf andere Reptilien zu vermeiden.

12.3 Häutungsprobleme

Häutungsprobleme resultieren häufig aus falschen Haltungsparametern wie z. B. eine zu kühle oder zu trockene Haltung oder aus

Die Häutung adulter Bartagamen zieht sich normalerweise über mehrere Tage hin, und Häutungsprobleme sind bei artgerechter Haltung selten. Foto: P.M. Müller

dem Fehlen rauer Einrichtungsgegenstände, an denen die Agamen ihre alte Haut abstreifen können. Weitere Ursachen können Ektoparasiten, Mykosen (Pilzbefall), gestörter Flüssigkeitshaushalt der Tiere, Vitaminmangel oder ein allgemeiner Schwächungszustand sein.

Die Häutung adulter Bartagamen zieht sich normalerweise über mehrere Tage hin, und Häutungsprobleme sind bei artgerechter Haltung selten. Zudem häuten sich Bartagamen nicht wie z. B. verschiedene Geckoarten in einem Stück, sondern meist in mehreren Teilen. Hierdurch kann es dazu kommen, dass einzelne Körperpartien längere Zeit mit älterer Haut besetzt bleiben, und es ist nicht in jedem Fall angezeigt, eine manuelle Entfernung vorzunehmen. Betroffene Stellen

Häutungsprobleme resultieren häufig aus falschen Haltungsparametern wie z. B. eine zu kühle oder zu trockene Haltung. Foto: P.M. Müller

sind aber sorgfältig zu beobachten, um eventuelle Veränderungen (Entzündungen, in seltenen Fällen Pilzbefall) rechtzeitig festzustellen. Im Notfall ist der Rat eines Tierarztes einzuholen.

Bei den Häutungen ist besonderes Augenmerk auf die Zehen und die Schwanzspitze zu richten, denn bleibt ein Ring alter Haut um diese Körperteile bestehen, so kann dies durch Abschnürung zum Absterben führen und eine Amputation des betroffenen Körperteils erforderlich machen.

Alte, anhaftende Häutungsreste können in warmem Wasser eingeweicht werden und, sobald sie ausreichend durchweicht sind, mit äußerster Vorsicht manuell entfernt werden. Bewährt hat sich das Abreiben mit einem trockenen Frottierhandtuch. Besonders hartnäckige Hautreste können in eingeweichtem Zustand auch mit einer Pinzette sehr vorsichtig entfernt werden.

12.4 Rachitis/Osteomalazie

Als Rachitis wird eine Stoffwechselerkrankung infolge eines Vitamin-D_3-Mangels bezeichnet. Ein solcher Mangel kann bereits bei Jungtieren auftreten. Durch den Vitaminmangel können die Knochen der schnell wachsenden Jungtiere nicht ausreichend mineralisieren und entwickeln keine ausreichende Stärke, sodass sie weich erscheinen. Diese „weichen“ Knochen können zu Brüchen, Verkrümmungen des Skeletts (im Be-

Jungtier mit Fehlbildung der Wirbelsäule Foto: H. Grimm

sonderen der Wirbelsäule im Rückenbereich, des Beckens und des Kiefers) oder zu unnatürlichen Stellungen der Extremitäten führen. Wegen des weichen Kiefers können rachitische Jungtiere oft nicht mehr problemlos fressen oder eine Nahrungsaufnahme wird ganz unmöglich. Tritt Rachitis auf, so sind die Folgen irreversibel (nicht mehr rückgängig zu machen), können aber im günstigsten Fall noch zum Stillstand gebracht werden. Bei adulten Tieren tritt infolge eines Vitamin-D_3-Mangels eine sog. Osteomalazie auf. Dieses Krankheitsbild der Knochenerweichung bei einer erwachsenen Bartagame entspricht im Weitesten dem einer juvenilen Agame.

Zur Vorbeugung gegen Rachitis oder Osteomalazie ist Bartagamen regelmäßig Vitamin-D_3 zu verabreichen, und zusätzlich ist eine regelmäßige Bestrahlung mit UV-Licht erforderlich. Durch die Bestrahlung mit UV-Licht (UV-A und UV-B in der Wellenlänge von 260–400 nm) und die Wirkung des Lichtes auf den Agamenkörper wird die Bildung des körpereigenen Provitatims D gefördert, das für einen gesunden Knochenaufbau unbedingt notwendig ist.

Außer Vitamin-D_3 ist auch das über die Nahrung aufgenommene Kalzium für den Knochenbau erforderlich. Bei der Fütterung ist grundsätzlich auf ein gutes Kalzium-Phosphor-Verhältnis zu achten: Als ideal ist ein Verhältnis von 1,0–1,5 Teilen Kalzium zu 1,0 Teilen Phosphor anzusehen. Ist der Phosphoranteil der Nahrung höher als der Kalziumanteil, wird infolge einer Überfunktion der Nebenschilddrüse Kalzium aus dem Skelett herausgelöst.

In gleichem Maße, wie ein Vitaminmangel zu Schädigungen führt, sind auch Überdosierungen schädlich. Wird Bartagamen zu viel Vitamin-D_3 verabreicht, führt dies zu einer Kalziumablagerung an den inneren Organen. Bei der Dosierung von Vitaminen kann man leider keine pauschalen Werte angeben, sodass auch hier unbedingt die Konsultation eines Tierarztes zu empfehlen ist.

12.5 Bakterielle Erkrankungen

Als häufigste bakterielle Erkrankung wird Pneunomie (Lungenentzündung) diagnostiziert, denn Bartagamen sind sehr empfindlich gegenüber Zugluft bzw. starken Temperaturschwankungen. Im Terrarium sind Bartagamen kaum Zugluft oder starken Tempe-

Bartagamen sind sehr empfindlich gegenüber Zugluft bzw. starken Temperaturschwankungen. Wenn sie von ihrem Halter herumgetragen werden, besteht ein erhöhtes Zuglufttrisiko. Foto: P.M. Müller

raturschwankungen ausgesetzt. Nur wenn sie von ihrem Halter herumgetragen werden oder wenn sie außerhalb des Terrariums gebadet und in feuchtem Zustand zum Terrarium zurückgetragen werden, besteht ein erhöhtes Zugluftrisiko. Leider werden Pneunomien meist erst spät festgestellt, sodass sich der Behandlungserfolg oftmals nicht mehr einstellt. Atmet eine Bartagame schwer, stoßweise mit aufgerissenem Maul oder verhält sich das Tier phlegmatisch, so ist erhöhte Aufmerksamkeit geboten! Spätestens bei Schleimaustritt aus der Luftröhre ist dringend ein Tierarzt aufzusuchen, der gegebenenfalls eine Behandlung mit Antibiotika durchführen wird.

Seltener kommen infolge eines Befalls mit Endoparasiten Entzündungen der Magen-Darmschleimhaut vor. Meist stellen Bartagamen bei einer Magen-Darmschleimhautentzündung die Nahrungsaufnahme ein, manche Exemplare würgen ihr Futter wieder aus und/oder setzen wässrigen Kot ab. Auch bei diesem Krankheitsbild ist ein sofortiger Besuch bei einem fachkundigen Tierarzt erforderlich. Eine eventuell resultierende Blutvergiftung oder ein Magen- oder Darmdurchbruch würde unweigerlich zum Tode der Agame führen.

Bisswunde am Fuß einer jungen Bartagame
Foto: P.M. Müller

12.6 Verletzungen

Verletzungen bei Bartagamen sind meist Bissverletzungen. Bei Jungtieren (meist während der ersten vier Lebensmonate) ist oft ein gegenseitiges Beißen in die Schwanzspitze oder in die Zehen zu beobachten, während adulte Bartagamen sich im Genickbereich, in den Schwanzansatz oder die Extremitäten beißen.

Kleinere harmlose, blutarme Verletzungen können selbst gereinigt und mit einer geeigneten antibiotischen Salbe desinfiziert werden. Bei der erstmaligen Konfrontation mit solch kleineren Bissverletzungen sollte jedoch grundsätzlich ein Tierarzt konsultiert werden. Schwere Verletzungen infolge von Bissattacken, Verbrennungen oder Unfällen sind generell nur in Zusammenarbeit mit einem Tierarzt zu behandeln.

12.7 Legenot

Eine im Terrarium auftretende Legenot ist meist auf Stress zurückzuführen. Der auslösende Stressfaktor für eine trächtige Bartagame sind häufig nicht vorhandene oder nicht geeignete Eiablagestellen. Ebenfalls zu einer Legenot können folgende Faktoren führen: eine zu hohe Anzahl gebildeter Eier im Gelege, Eianomalien in Größe und/oder Form, Krankheiten und Mangelerscheinungen des trächtigen Weibchens.

Wird ein trächtiges Weibchen, das bereits unruhig im Terrarium umhergelaufen ist und mehrere Probegrabungen unternommen hat, wieder ruhig und unternimmt keine weiteren Grabungen, so kann es sich hierbei bereits um Anzeichen einer Legenot handeln. Ein weiteres mögliches Kennzeichen der Legenot ist, wenn ein trächtiges Weibchen, das die Futteraufnahme bereits eingestellt hatte, wieder zu fressen beginnt. Das rechtzeitige Erkennen einer Legenot ist schwierig. Es gilt jedoch, wie bei allen anderen Krankheitsbildern auch, dass ein möglichst frühzeitiges Erkennen die Genesung vereinfacht.

Werden Eier nicht abgelegt, so verkäsen sie und verkleben den Eileiter und führen schließlich zu einer Entzündung des Eileiters. Es erfolgt also keine Resorption der verbliebenen Eier, und somit besteht ein großes Gesundheitsrisiko für die Bartagame. Eine nicht rechtzeitig behandelte Legenot führt zum Tod des Weibchens, und deshalb ist möglichst frühzeitig ein fachkundiger Tierarzt aufzusuchen.

Meist wird der Tierarzt bei der Diagnose Legenot eine Therapie mittels Gaben von Kalzium und Oxytocin (ein wehenförderndes Hormon) verordnen. Ist die Bartagame trotz der Gabe von Kalzium und Oxytocin nicht in der Lage, die Eier selbstständig abzulegen, so hilft nur noch ein chirurgischer Eingriff durch den Tierarzt.

Einer stressbedingten Legenot kann aber schon im Vorfeld am besten mit einer entsprechenden Terrariengestaltung sowie dem

Auf dem Röntgenbild dieser trächtigen Bartagame sind die Eier deutlich zu erkennen. Aufnahme: H. Spörle

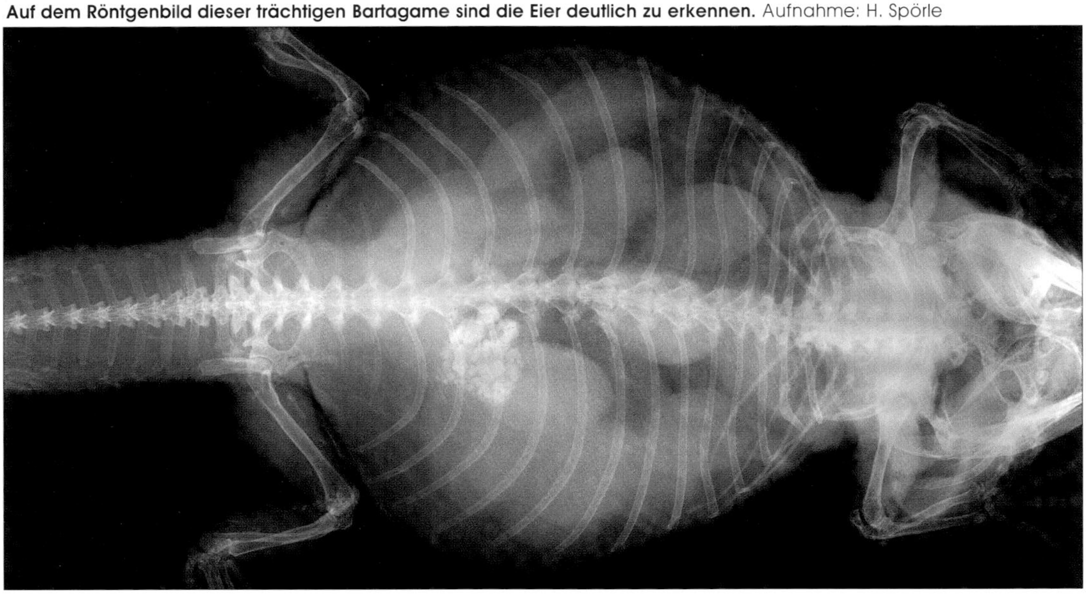

Angebot mehrerer geeigneter Eiablagestellen Abhilfe geleistet werden. Fehlen geeignete Eiablageplätze, so kann es auch vorkommen, dass die Eier wahllos im Terrarium verworfen (abgesetzt) werden.
Nach einer erfolgten Eiablage ist zu kontrollieren, ob auch alle Eier abgelegt wurden. Das Ertasten eventuell in der Leibeshöhle verbliebener Eier erfordert allerdings Übung und sollte erstmals von einem erfahrenen Terrarianer oder Tierarzt durchgeführt werden. Bei fehlender Erfahrung werden häufig innere Organe als Eier interpretiert. Ein Tierarzt kann durch das Anfertigen von Röntgen- oder Ultraschallbildern zwar relativ zuverlässig bestimmen, ob alle Eier abgelegt wurden, allerdings ist aufgrund der zeitlich oftmals engen Abfolge der einzelnen Gelege nicht immer eindeutig zu bestimmen, ob die feststellbaren Eier nicht schon zum nächsten Gelege gehören.

12.8 „Hängende" Augenlider

Häufig sind Bartagamen zu sehen, bei denen das Augenlid eines oder beider Augen nach unten „hängt". Diesem Krankheitsbild ist mit der Gabe einer antibiotischen Augensalbe sowie gleichzeitiger Verabreichung von Vitamin A meist gut zu begegnen, die Behandlung sollte aber durch den reptilienkundigen Tierarzt erfolgen.

12.9 Mykosen

Hautpilze, für die ein feuchtes Milieu das ideale Umfeld ist, sind meist schwer zu erkennen. Die Diagnose Pilzbefall sowie die genaue Bestimmung des Pilzes hat daher durch einen fachkundigen Tierarzt zu erfolgen. Feuchte Haltungsbedingungen (z. B. nasse Versteckplätze) oder fehlende Möglichkeiten zum Trocknen nach dem Sprühen (in Verbindung mit niedrigen Umgebungstemperaturen, unzureichender Belüftung des Terrariums oder abendlichem Sprühen) können ursächlich für einen Befall mit Hautpilz sein. Bevorzugte Körperstellen sind schlecht gehäutete Bereiche des Schwanzes oder Körperfalten. Solche mit einem Pilz befallene Körperstellen müssen behutsam gereinigt und mit einer vom Tierarzt verordneten Salbe behandelt werden. Pilzbehandlungen ziehen sich meist über einen längeren Zeitraum hin, und während des Behandlungszeitraums ist die erkrankte Bartagame in einem möglichst steril gehaltenen Terrarium unterzubringen.

12.10 Missbildungen

Missbildungen bei Bartagamen können durch genetische Schäden (Inzucht, natürliche „Kopierfehler" der DNA, also der elterlichen Erbmasse), fehlerhafte Inkubation der Gelege (falsche Zeitigungstemperaturen, äußere Störfaktoren), Vergiftungen (z. B. genverändernde Einflüsse von außen), Mangelerscheinungen durch unzureichende Vitamin-/Mineralstoffversorgung oder Unterernährung verursacht werden.
Missbildungen, die das natürliche Verhalten der betroffenen Bartagame nicht zu sehr beeinträchtigen, können als optische Fehler gewertet werden. Zur weiteren Vermehrung sollten diese Tiere allerdings nicht in Betracht gezogen werden, um eine eventuelle Weitervererbung des Defekts zu vermeiden. Tiere, die infolge ihrer Missbildung leiden und offensichtlich nicht lebensfähig sind, sollten zum Wohle des Tieres durch einen Tierarzt eingeschläfert werden.

13. *Pogona barbata* im Terrarium

13.1 Terrarium

Das Terrarium für die Östliche Bartagame wird hinsichtlich Größe, Beleuchtung, Heizung, UV-Beleuchtung, Bodengrund, Steinaufbauten und Ästen zum Klettern wie ein Terrarium für *P. vitticeps* gestaltet.

13.2 Pflege

Auch hinsichtlich Standort, Beleuchtungszeiten, Winterruhe und Terrarienbelüftung ist analog zu den Angaben bei *P. vitticeps* zu verfahren. Bei den Angaben zu Temperatur sowie zur relativen Luftfeuchtigkeit sind jedoch Unterschiede im Vergleich zur Haltung der Streifenköpfigen Bartagame zu beachten: Die Temperaturen sind grundsätzlich etwas kühler zu gestalten, und die relative Luftfeuchtigkeit ist auf höhere Werte einzuregeln. Für Tiere aus dem nördlichen Teil des Verbreitungsgebiets ist die Grundtemperatur im Sommer am Tage auf 20 °C zu begrenzen, am Sonnenplatz unter einem Spotstrahler sind aber Temperaturen von bis zu 45 °C erforderlich. Für die Nächte ist eine Tempe-

Pogona barbata
Foto: G. Schmida

raturabsenkung auf 15 °C als optimal anzusehen.
Für Exemplare aus dem südlichen Teil des Verbreitungsgebietes ist während des Winters am Tag die Grundtemperatur auf maximal 18 °C und während der Nacht auf maximal 15 °C einzuregeln. Der Sonnenplatz ist wie für die Tiere aus dem nördlichen Bereich des Verbreitungsgebiets mit Temperaturen von bis zu 45 °C zu gestalten. Tiere aus dem tropischen nördlichen Verbreitungsbereich legen während des Winters nur eine kurze Ruhepause ein. Nördlich des Wendekreises des Steinbocks ist der Winter durch Trockenheit und etwas kühlere Temperaturen gekennzeichnet, die jedoch im Durchschnitt während des Tages kaum unter 20 °C und während der Nacht kaum unter 10 °C liegen.
Im Terrarium von *P. barbata* sollte die relative Luftfeuchtigkeit rund 75 % betragen. Um dies zu erreichen, ist die Terrarieneinrichtung regelmäßig mit temperiertem Wasser zu besprühen. Der Bodengrund sollte trotz des erforderlichen regelmäßigen Sprühens nicht durchnässen und nach zwei bis drei Stunden wieder oberflächlich trockene Stellen aufweisen. Wie bei der Beleuchtungsdauer und den Temperaturen ist auch die relative Luftfeuchtigkeit zur Simulation von Regen- und Trockenzeiten im Jahresverlauf veränderlich zu gestalten.
Zum Verhalten von *P. barbata* wurden verschiedene Untersuchungen durchgeführt (BRATTSTORM 1971; CARPENTER et al. 1970; PICKWORTH 1981). Das Verhaltensspektrum aufgrund innerartlicher Reize sowie aufgrund verschiedener Temperaturen wird von BRATTSTORM (1971) anschaulich beschrieben, der auf 73 Zeichnungen die verschiedenen Verhaltensweisen verdeutlicht. Diese Darstellungen wurden auszugsweise von HAUSCHILD & BOSCH (1997) wiedergegeben, und anschauliche Darstellungen finden sich auch bei ZIMMERMANN (1980). Nach BRATTSTORM (1971) sind drei Kategorien zu unterscheiden: allgemeine Verhaltensweisen (z. B. Schlafen, Ruhen, Laufen, Fressen, Koten), Verhaltensweisen zur Thermoregulation (z. B. Abflachen, Anschmiegen an den Bodengrund, Anheben der Zehen) und Sozialverhalten (z. B. Ärmchendrehen, Nicken, Bartstellen, Paarung).
Folgende Angaben bei *P. vitticeps* gelten im Prinzip auch für *P. barbata*: Hygiene, Futter, Umgang, Verhalten, Geschlechtsbestimmung, Vermehrung und Aufzucht sowie Krankheitsbilder.
Im natürlichen Habitat von *P. barbata* beträgt der Anteil tierischer zu pflanzlicher Nahrung ungefähr 1 : 1 (CAUGHLEY 1971). Die Gelegeanzahl variiert in Australien je nach Verbreitungsgebiet: So produzieren Weibchen aus Victoria jährlich zwei Gelege und Tiere aus Queensland bis zu fünf Gelege (GREEN & LARSON 2001). Die Eier werden ca. 15 cm tief im Boden abgelegt, der selbst gegrabene Gang ist hierbei 20 cm lang und 9 cm breit (HOSER 1991).
Die Gelegegrößen liegen bei durchschnittlich 21 Eiern (12–35; Anzahl der Gelege: n = 11), und die Schlüpflinge wiegen durchschnittlich 2,21 g, bei einer Kopf-Rumpf-Länge von 40 mm und einer Gesamtlänge von 94 mm (DE VOSJOLI & MAILLOUX 1993). Die Geschlechtsreife wird nach diesen Autoren erst in einem Alter von zwei bis drei Jahren erreicht. SLAVENS & SLAVENS (1992) berichten von einem Lebensalter von 9 Jahren und 11 Monaten für ein Männchen, DE VOSJOLI & MAILLOUX (1993) erhielten ein ausgewachsenes Pärchen und pflegten es über 5 Jahre bis zu seinem Tod.

14. *Pogona henrylawsoni* im Terrarium

14.1 Terrarium

Ein Terrarium für *P. henrylawsoni* wird hinsichtlich Grundfläche und Höhe (unter Berücksichtigung der geringeren Größe dieser Art), Licht, Wärme, UV-Bestrahlung, Bodengrund und Einrichtungsgegenständen analog zu den Beschreibungen für *P. vitticeps* ausgestattet. Aufgrund der geringeren Kopf-Rumpf-Länge von etwa 15 cm würde sich gemäß dem „Gutachten über die Mindestanforderungen an die Haltung von Reptilien" somit für ein einzeln gehaltenes Tier oder ein Pärchen eine Terrariengröße von mindestens 75 x 60 x 45 cm ergeben. Da die Schwarzerde-Bartagame in ihrem Verhalten etwas agiler ist als *P. vitticeps*, kann die Verwendung eines größeren Terrariums aber nur empfohlen werden.

Klettermöglichkeiten in Form von Ästen sind für *P. henrylawsoni* weniger wichtig, da diese Art selten klettert. In Australien wird die Schwarzerde-Bartagame meist auf Steinen und Ästen in geringer Höhe (Turner & Valentic 1998), unweit von Verstecken wie z. B. Höhlen, angetroffen.

14.2 Pflege

Hinsichtlich Standort und Aufstellung des Terrariums, Gestaltung des Tag-/Nachtrhythmus, Belüftung sowie der Winterruhe kann auf die entsprechenden Kapitel zu *P. vitticeps* verwiesen werden. Auch die relative Luftfeuch-

Porträt einer *Pogona henrylawsoni* Foto: P.M. Müller

Paarungsbiss Foto: P.M. Müller

ratur darf Werte von bis zu 30 °C erreichen, wobei eine nächtliche Absenkung auf 20–25 °C anzustreben ist. Während der Winterperiode ist die tägliche Grundtemperatur auf unter 18 °C einzustellen, bei einer nächtlichen Absenkung auf 15 °C. Ein Sonnenplatz mit rund 40 °C sollte der Schwarzerde-Bartagame grundsätzlich angeboten werden. Die Leuchtmittel über dem Sonnenplatz sind dabei zeitlich so zu steuern, dass die Vorgaben der Grundtemperatur eingehalten werden können.

tigkeit wird so gestaltet wie für die Streifenköpfige Bartagame angegeben. Die Temperaturwerte für *P. henrylawsoni* weichen jedoch leicht von den Temperaturen für die größere *P. vitticeps* ab. Die sommerliche Grundtempe-

Hinsichtlich Hygiene, Futter, Umgang, Verhalten, Geschlechtsbestimmung, Vermehrung und Aufzucht sowie Krankheitsbilder gilt ebenfalls das bereits für *P. vitticeps* Beschriebene. Nach DIECKMANN (2007a) ist noch zu erwähnen, dass paarungsunwillige Weibchen aktiv eine Art „Katzenbuckel"-Haltung einnehmen, sich abwenden und ihre Kloake auf den Untergrund pressen sowie mit offenem Maul aufdringliche Männchen androhen.

Von einer erfolgreichen Paarung bis zur Eiablage vergehen meist lediglich 30 Tage. Die durchschnittliche Gelegegröße beträgt bei *P. henrylawsoni* 12–19 Eier, große Gelege können auch bis zu 25 Eier umfassen (GREEN & LARSON 2001;

Züchterfreuden: Jungtiere von *Pogona henrylawsoni* Foto: P.M. Müller

RUF pers. Mittlg.). DE VOSJOLI & MAILLOUX (1987) erhielten Gelege aus durchschnittlich 19 Eiern (15–25; Gelegeanzahl: n = 27). Schlüpflinge wiegen nach DE VOSJOLI & MAILLOUX (1993) bei einer durchschnittlichen Kopf-Rumpf-Länge von 35 mm und einer Gesamtlänge von 55 mm rund 1,75 g. RUF (in lit.) ermittelte für Schlüpflinge eine durchschnittliche Kopf-Rumpf-Länge von ebenfalls 35 mm (33–38 mm; Anzahl der Jungtiere: n = 25) bei einer durchschnittlichen Gesamtlänge von 77 mm (68–84 mm; Anzahl der Jungtiere: n = 25) bei einem durchschnittlichen Gewicht von 1,89 g (1,63–2,20 g; Anzahl der Jungtiere: n = 11). DIECKMANN (2007a) gibt als Durchschnittswerte eine Gesamtlänge von 72 mm bei einer Kopf-Rumpf-Länge von 35 mm und einem Gewicht von 2,0 g an. Die Zeitigungsbedingungen wiederum gleichen den bei *Pogona vitticeps* beschriebenen. Von der Eiablage bis zum Schlupf vergehen bei einer Inkubationstemperatur von 28–29 °C zwischen 40 und 54 Tage (MARTERER in lit.; RUF in lit.).

Im Verbreitungsgebiet der Schwarzerde-Bartagame gibt es ausgeprägte Regenzeiten. Durch die heftigen, meist nur kurz andauernden Niederschläge kommt es lediglich zu einem kurzen Anstieg der relativen Luftfeuchtigkeit, und die Luft ist auch unmittelbar nach starken Regenschauern mit anschließendem Sonnenschein noch erträglich. Schwüle Sommertage in Deutschland sind deutlich unangenehmer und fühlen sich wesentlich feuchter an.

Bei Simulation der niederschlagsreichen Jahreszeit ist zu beachten, dass in Australien die Regenzeit während der Monate Januar und Februar herrscht. Entsprechend ist in Europa im Terrarium die feuchte Phase in den Zeitraum Juli und August zu verschieben.

Jungtier von *Pogona henrylawsoni* Foto: P.M. Müller

15. *Pogona mitchelli* im Terrarium

15.1 Terrarium

Für *P. mitchelli* wird das Terrarium hinsichtlich Größe, Beleuchtung, Heizung, UV-Strahlung, Bodengrund und Klettermöglichkeiten wie für *P. vitticeps* dargelegt gestaltet.

Mitchells Bartagame ist noch ein relativ seltener Gast in unseren Terrarien. Foto: P.M. Müller

15.2 Pflege

Die Aufstellung des Terrariums für Mitchells Bartagame erfolgt nach den gleichen Regeln wie bereits für *P. vitticeps* beschrieben, und auch der Tag-/Nachtrhythmus, die relative Luftfeuchtigkeit, die Winterruhe und Durchlüftung gestaltet sich wie bei *P. vitticeps*. Ebenso ist das für *P. vitticeps* Genannte zu Hygiene, Umgang, Verhalten und Geschlechtsbestimmung, Zucht und Aufzucht sowie Krankheiten für *P. mitchelli* uneingeschränkt gültig.

Pogona mitchelli sucht im Gegensatz zu *P. vitticeps* allerdings öfters eine im Terrarium aufgestellte Wasserschale auf, um ausgiebig zu trinken. Weibliche Tiere verhalten sich untereinander oftmals aggressiv, wobei das älteste Weibchen meist dominant ist (PESCH in lit.). Insgesamt verhalten sich Mitchells Bartagamen aktiver als *P. vitticeps* und bevorzugen mehr vertikale Klettermöglichkeiten.

Die Gelegegröße im Freiland beträgt 6–12 Eier und im Terrarium 9–16 (HAUSCHILD & BOSCH 1997; SCHARDT 2004). PESCH (in lit.) nennt Gelegegrößen von durchschnittlich acht Eiern bei einem Maximum

Adulte *Pogona mitchelli* im Terrarium
Foto: P.M. Müller

Trächtiges Weibchen von *Pogona mitchelli*
Foto: R. Pesch

von 16 Eiern, Ruf (in lit.) erzielte Gelegegrößen von durchschnittlich 10 Eiern. Im Terrarium erfolgen bis zu sechs Eiablagen pro Jahr, wobei die Agamen sensibel auf Veränderungen im Terrarium reagieren.

Schlüpflinge haben eine Kopf-Rumpf-Länge von durchschnittlich 40 mm bei einer Gesamtlänge von 95 mm (Hauschild & Bosch 1997). Pesch (in lit.) ermittelte für seine Nachzuchten eine durchschnittliche Kopf-Rumpf-Länge von 33 mm sowie eine Schwanzlänge von 37–42 mm. Die Sterblichkeitsrate der Jungtiere kann während der ersten sechs Lebensmonate bei bis zu 30 % liegen, und im Terrarium wird ein Lebensalter von maximal 10–12 Jahren erreicht.

Auch *Pogona mitchelli* klettern gerne.
Foto: P.M. Müller

Porträt einer *Pogona mitchelli* Foto: R. Pesch

16. Danksagung

Jungtier der Streifenköpfigen Bartagame Foto: P.M. Müller

Ich bedanke mich bei allen Menschen, die ihre Terraristikerfahrungen mit mir geteilt haben. Der Erfahrungsaustausch entstand in vielen persönlichen Kontakten, langen Telefonaten und über das Internet. Nicht zu vergessen sind all diejenigen, die sich mit Problemen bei der Haltung von Bartagamen an mich gewandt haben und mich so für viele Fragestellungen sensibilisierten. Und nicht zu vergessen sind in diesem Zusammenhang auch die eifrigen Nutzer des Internets, die durch viele Forenbeiträge mit Fragen ihren Beitrag geleistet haben.

Neben den vielen anderen Menschen, die ich hier aus Platzgründen nicht aufführen kann, liegt es mir besonders am Herzen, mich für die Unterstützungen durch die folgenden Personen zu bedanken: Stefanie Dawo (DEW Daten-Etiketten-Wägesysteme), Landau; Andreas Helmdag, Duisburg; Martina Herschel, Neubulach; Irene und Robert Müller, Gengenbach; Rai Muller †, Brisbane, Australien; Dieter Ruf, Offenbach a. d. Q.; Glen Shea, Sydney, Australien; Bianca Weißer, Karlsruhe sowie die Diagnostische Gemeinschaftspraxis, Karlsruhe und die Insektenfabrik, Karlsruhe.

Besonders bedanke ich mich an dieser Stelle bei meiner Frau, die mich und mein Hobby unverändert still unterstützt und auch an der Entstehung dieses Manuskriptes wesentlich beteiligt war. Vor allem danke ich ihr für die Findung verständlicher Formulierungen bei so manchem meiner „Geistesblitze“. Danken will ich an dieser Stelle auch meinem Sohn Amon Sidney, der wieder so manche Stunde auf seinen Vater verzichtete und durch seine Hilfe bei der Versorgung meiner Bartagamen indirekt ebenfalls seinen Teil zur Entstehung dieses Buches beitrug.

17. Anhang Klimatabellen

Die hier wiedergegebenen Klimadaten wurden auf Basis der von MÜLLER (1996) erarbeiteten Zusammenstellung verschiedener Klimastationen der Erde erstellt, wobei die Stationen aus den Verbreitungsgebieten der einzelnen Bartagamenarten zusammengestellt sind.

In den Diagrammen wird für die jeweiligen Stationen das sogenannte Makroklima, das die Großklimabedingungen weiter geographischer Räume erfasst, aufgezeigt. Daten für das Makroklima werden in einer Höhe von 2 m über der Bodenoberfläche gewonnen, um Einflüsse des Bodengrunds weitestgehend zu vermeiden.

Direkt über dem Boden herrscht dagegen das sogenannte Mikroklima, Kleinklima oder Klima der bodennahen Luftschichten bzw. des bodennahen Raumes. Das Mikroklima beschreibt den Energiehaushalt der Oberfläche und die Wechselwirkungen zwischen der Bodenschicht und der darüber befindlichen Luftschicht unter Einbeziehung der Einflüsse aus solarer Einstrahlung, der Bewölkung, dem Wind und weiterer Faktoren (z. B. Oberflächenbeschaffenheit, -struktur, -farbe und Vegetation). Das Kleinklima ist räumlich sehr begrenzt und besitzt einen Höhenbezug definitionsgemäß lediglich bis zum „Beginn" des Makroklima in 2 m Höhe über dem Boden.

Für das Mikroklima gelten andere Gesetze als für das Makroklima: Im Makroklima nimmt die Temperatur während des Tages mit steigender Höhe über dem Boden ab, während sie beim Sonnenaufgang mit zunehmender Höhe ansteigt. Man spricht bei dieser Erscheinung von einem vertikalen Temperaturgradienten. In Bodennähe tritt hingegen auch ein horizontaler Temperaturgradient auf, der durch Variationen der Bodenbeschaffenheit entsteht.

Die Definition des Mikroklima besagt, dass dieses im Berührungsgebiet einer beliebigen Oberfläche und der Luft entsteht, also eine Übergangserscheinung ist, die überall auftritt, wo die Luft mit einem Medium in Verbindung kommt, dessen Aggregatzustand oder Dichte von ihr abweicht (BERÈNYI 1967). Das Mikroklima ist somit das Klima der kleinen Lufträume an Grenzflächen. Bartagamen halten sich vorwiegend in solchen vom Mikroklima beeinflussten Bereichen auf.

Das Kleinklima kann deutlich vom Großklima abweichen, so ist z. B. die Temperatur auf offenen sonnenbeschienenen Flächen wesentlich höher als in einer Höhe von 2 m. Herrscht 1 m über dem Boden eine Temperatur von rund 30 °C, kann die Temperatur am Boden um bis zu 30 °C und mehr höher liegen. Zudem ist das Kleinklima auch in starkem Maße von der Vegetation abhängig: In einem einzeln stehenden Busch herrscht ein ganz anderes Kleinklima als in einer nahen, nicht bewachsenen Sandfläche. Auch wirken sich die Feuchtigkeitsverhältnisse des Untergrundes deutlich auf das Mikroklima aus. Ein trockener Boden mit einer Oberflächentemperatur von 45 °C z. B. kann im feuchten Zustand bei gleicher Sonneneinstrahlung Temperaturen von lediglich 35 °C aufweisen.

Die Werte für das Makroklima können somit nur als grobe Richtwerte dienen, aus denen die Temperaturen für die Haltung von Bartagamen abgeleitet werden müssen.

Die Einheiten für die Temperatur sind Grad Celsius (°C) und für den Niederschlag mm (entspricht dem Wasserstand auf einer Fläche von 1 x 1 m).

Lebensraum von *Pogona vitticeps* in der Nähe von Kadina, South Australia Foto: P.M. Müller

Klimawerte im Verbreitungsgebiet von *Pogona barbata*

Rockhampton/Australien, QLD, Lage 23°24'S/150°30'EHöhe ü. NN 11 m

		J	F	M	A	M	J	J	A	S	O	N	D	Jahr
Mittl. Temperatur	in °C	27,3	26,8	25,8	23,6	20,4	17,9	16,9	18,2	21,2	23,8	25,7	26,9	22,9
Mittl. Max. d. Temperatur	in °C	31,7	31,7	30,6	28,9	26,1	23,3	22,8	25,0	27,8	30,0	31,7	32,2	28,3
Mittl. Min. d. Temperatur	in °C	22,2	22,2	21,1	18,3	14,4	11,7	10,0	11,7	15,0	17,8	19,4	21,7	17,2
Absol. Max. d. Temperatur	in °C	41,6	42,4	40,4	36,7	34,6	31,2	33,2	34,6	37,9	39,3	42,2	44,2	44,2
Absol. Min. d. Temperatur	in °C	15,6	15,6	10,1	6,3	4,3	0,4	1,4	2,4	4,4	6,1	12,2	15,1	0,4
Mittl. relative Feuchte	in %	68	69	69	67	67	68	65	64	64	63	64	66	66
Mittl. Niederschlag	in mm	154	187	118	44	44	41	50	19	20	50	68	93	887
Max. Niederschlag	in mm	873	924	637	551	246	266	496	95	107	171	188	493	2081
Min. Niederschlag	in mm	9	6	1	0	0	0	0	0	0	0	0	5	399
Max. Niederschlag 24 h	in mm	267	389	162	357	108	74	293	77	88	86	74	136	389
Tage mit Niederschlag	>0,25 mm	11	12	11	7	6	5	6	4	4	6	7	9	88
Potentielle Verdunstung	in mm	158	136	143	102	67	45	39	51	76	120	140	159	1236

Brisbane/Australien, QLD
Lage 27°28'S/152°2'E, Höhe ü. NN 42 m

		J	F	M	A	M	J	J	A	S	O	N	D	Jahr
Mittl. Temperatur	in °C	25,0	24,7	23,6	21,2	18,2	15,8	15,0	16,1	18,1	20,7	22,5	24,3	20,4
Mittl. Max. d. Temperatur	in °C	29,4	29,4	27,8	26,1	23,3	20,6	20,0	21,7	24,4	26,7	27,8	29,4	25,6
Mittl. Min. d. Temperatur	in °C	20,6	20,0	18,9	16,1	13,3	10,6	9,4	10,0	12,8	15,6	17,8	19,4	15,6
Absol. Max. d. Temperatur	in °C	43,2	40,9	37,4	35,1	32,4	31,6	29,1	32,8	38,3	40,7	41,2	41,1	43,2
Absol. Min. d. Temperatur	in °C	14,9	14,7	11,3	6,9	4,8	2,4	2,3	3,0	4,8	6,3	9,2	13,5	3,3
Mittl. relative Feuchte	in %	69	72	72	71	69	67	66	64	64	64	66	67	68
Mittl. Niederschlag	in mm	143	183	147	78	57	56	49	30	45	77	92	136	1092
Max. Niederschlag	in mm	704	1026	864	388	351	356	218	372	137	290	315	441	2240
Min. Niederschlag	in mm	8	15	0	0	0	0	0	0	3	1	0	9	411
Max. Niederschlag 24 h	in mm	465	269	284	139	142	163	89	124	63	135	113	168	465
Tage mit Niederschlag	>0,25 mm	13	14	15	12	10	8	8	7	8	9	10	12	126
Sonnenscheindauer	in h	236	207	217	213	205	189	211	245	246	260	246	254	2729
Sonnenscheindauer	in h/d	7,6	7,4	7,0	7,1	6,6	6,3	6,8	7,9	8,2	8,4	8,2	8,2	7,5
Potentielle Verdunstung	in mm	140	130	115	84	55	38	33	43	62	93	115	146	1054

Armidale/Australien, NSW, Lage 30°39'S/151°38'EHöhe ü. NN 1015 m

		J	F	M	A	M	J	J	A	S	O	N	D	Jahr
Mittl. Temperatur	in °C	20,4	19,8	17,6	13,9	10,1	7,3	6,6	7,7	10,8	14,3	17,3	19,3	13,8
Absol. Max. d. Temperatur	in °C	39,7	37,8	34,4	30,1	26,7	24,4	21,1	25,7	28,3	32,5	36,4	37,7	39,7
Absol. Min. d. Temperatur	in °C	4,4	3,3	-0,6	-3,9	-6,7	-8,3	-10,0	-8,1	-5,6	-3,3	0,0	2,2	-10,0
Mittl. relative Feuchte	in %	60	63	67	69	69	68	61	64	72	59	58	60	68
Mittl. Niederschlag	in mm	107	105	67	42	36	55	52	56	56	72	78	88	815
Max. Niederschlag	in mm	274	279	235	236	140	190	152	209	146	183	232	289	1507
Min. Niederschlag	in mm	8	3	1	4	3	5	1	4	0	1	4	0	422
Max. Niederschlag 24 h	in mm	96	75	86	64	80	94	59	155	76	64	65	61	155
Tage mit Niederschlag	>0,25 mm	10	11	11	9	9	11	10	9	9	10	9	11	119
Potentielle Verdunstung	in mm	113	86	80	52	31	19	16	22	39	64	80	110	712

Sydney/Australien, NSW, Lage 33°51'S/151°31'EHöhe ü. NN 42 m

		J	F	M	A	M	J	J	A	S	O	N	D	Jahr
Mittl. Temperatur	in °C	22,0	21,9	20,8	18,3	15,1	12,8	11,8	13,0	15,2	17,6	19,5	21,1	17,4
Mittl. Max. d. Temperatur	in °C	25,6	25,6	24,4	21,7	18,9	16,1	15,6	17,2	19,4	21,7	23,3	25,0	21,1
Mittl. Min. d. Temperatur	in °C	18,3	18,3	17,2	14,4	11,1	8,9	7,8	8,9	10,6	13,3	15,6	17,2	13,3
Absol. Max. d. Temperatur	in °C	45,3	42,1	39,2	33,0	30,0	26,9	25,7	30,4	33,5	37,4	40,3	42,2	45,3
Absol. Min. d. Temperatur	in °C	10,6	9,6	9,3	7,0	4,6	2,1	2,2	2,7	4,9	5,7	7,7	9,1	2,1
Mittl. relative Feuchte	in %	68	71	74	75	77	76	74	69	64	62	63	65	69
Mittl. Niederschlag	in mm	104	125	129	101	115	141	94	83	72	80	77	86	1205
Max. Niederschlag	in mm	388	564	521	622	585	643	336	378	356	282	518	402	2102
Min. Niederschlag	in mm	6	3	11	2	4	4	3	1	2	5	2	6	546
Max. Niederschlag 24 h	in mm	180	226	281	191	212	132	198	135	145	162	133	121	281
Tage mit Niederschlag	>0,25 mm	14	13	14	14	13	12	12	11	12	12	12	13	152
Sonnenscheindauer	in h	226	185	195	183	180	189	189	214	216	229	228	229	2463
Sonnenscheindauer	in h/d	7,3	6,6	6,3	6,1	5,8	6,3	6,1	6,9	7,2	7,4	7,6	7,4	6,7
Potentielle Verdunstung	in mm	122	99	92	64	41	28	25	33	53	76	93	112	838

Canberra/Australien, NSW, Lage 35°17'S/149°8'EHöhe ü. NN 559 m

		J	F	M	A	M	J	J	A	S	O	N	D	Jahr
Mittl. Temperatur	in °C	20,7	20,2	18,0	13,4	9,6	6,7	6,0	7,4	10,1	13,1	16,0	19,1	13,4
Mittl. Max. d. Temperatur	in °C	27,8	27,8	24,4	19,4	15,6	11,7	11,1	12,8	16,1	20,0	23,9	26,7	20,0
Mittl. Min. d. Temperatur	in °C	12,8	12,8	10,6	6,7	2,8	1,1	0,6	1,7	3,3	6,1	8,9	11,7	6,7
Absol. Max. d. Temperatur	in °C	41,9	37,7	37,3	32,1	22,6	18,3	17,5	21,7	27,5	32,2	38,6	39,7	41,9
Absol. Min. d. Temperatur	in °C	3,3	1,7	1,6	-1,7	-5,3	-7,7	-6,7	-6,1	-3,8	-1,7	0,1	2,2	-7,7
Mittl. relative Feuchte	in %	53	59	66	71	79	81	81	75	66	60	55	51	66
Mittl. Niederschlag	in mm	54	55	63	55	52	49	41	50	41	70	54	47	632
Max. Niederschlag	in mm	170	153	32	132	156	155	129	120	115	177	113	223	
Min. Niederschlag	in mm	1	0	0	2	2	5	7	9	3	9	7	4	
Max. Niederschlag 24 h	in mm	82	82	65	64	99	59	51	53	44	132	62	58	132
Tage mit Niederschlag	>0,25 mm	7	7	7	7	7	9	10	11	9	11	8	8	101
Sonnenscheindauer	in h	260	204	223	201	161	126	149	180	216	242	246	264	2472
Sonnenscheindauer	in h/d	8,4	7,3	7,2	6,7	5,2	4,2	4,8	5,8	7,2	7,8	8,2	8,5	6,8
Potentielle Verdunstung	in mm	115	96	83	49	28	17	16	22	34	58	83	112	713

Adelaide/Australien, SA, Lage 34°56'S/138°35'EHöhe ü. NN 43 m

		J	F	M	A	M	J	J	A	S	O	N	D	Jahr
Mittl. Temperatur	in °C	22,6	21,0	20,9	17,2	14,6	12,1	11,2	12,0	13,4	16,0	18,5	20,7	16,7
Mittl. Max. d. Temperatur	in °C	30,0	30,0	27,2	22,8	18,9	16,1	15,0	16,7	18,9	22,8	26,1	28,3	22,8
Mittl. Min. d. Temperatur	in °C	16,1	16,7	15,0	12,8	10,0	8,3	7,2	7,8	8,9	10,6	12,8	15,0	11,7
Absol. Max. d. Temperatur	in °C	47,6	45,3	43,6	37,0	31,9	25,6	23,3	29,4	35,1	39,4	45,2	45,9	47,6
Absol. Min. d. Temperatur	in °C	7,3	7,5	6,6	4,2	2,7	0,3	0,0	0,2	0,4	2,3	4,9	6,1	0,0
Mittl. relative Feuchte	in %	41	43	45	56	63	71	71	67	61	52	45	43	53
Mittl. Niederschlag	in mm	23	23	21	50	66	61	61	59	49	47	36	27	523
Max. Niederschlag	in mm	84	155	117	148	196	218	138	157	148	133	113	101	784
Min. Niederschlag	in mm	0	0	0	0	3	6	10	8	7	4	2	0	289
Max. Niederschlag 24 h	in mm	58	141	89	80	70	54	44	57	40	57	75	61	141
Tage mit Niederschlag	>0,25 mm	5	5	5	10	13	15	16	16	13	10	8	6	122
Sonnenscheindauer	in h	310	260	242	180	149	123	133	161	183	220	255	291	2507
Sonnenscheindauer	in h/d	10,0	9,3	7,8	6,0	4,8	4,1	4,3	5,2	6,1	7,1	8,5	9,4	6,9
Potentielle Verdunstung	in mm	137	118	100	67	43	28	25	31	43	68	96	128	884

Klimatabelle für das Verbreitungsgebiet von *Pogona barbata*

Werte aus MÜLLER (1996) inter- und extrapoliert aus den Stationen Rockhampton (QLD), Brisbane (QLD), Armidale (NSW), Sydney (NSW), Canberra (NSW) und Adelaide (SA), zusätzliche Durchschnittswerte ergänzt

		J	F	M	A	M	J	J	A	S	O	N	D	Jahr
Mittl. Temperatur	in °C	23,0	22,4	21,1	17,9	14,7	12,1	11,3	12,4	14,8	17,6	19,9	21,9	17,4
Mittl. Max. d. Temperatur	in °C	28,9	28,9	26,9	23,8	20,6	17,6	16,9	18,7	21,3	24,2	26,6	28,3	23,6
Mittl. Min. d. Temperatur	in °C	18,0	18,0	16,6	13,7	10,3	8,1	7,0	8,0	10,1	12,7	14,9	17,0	12,9
Absol. Max. d. Temperatur	in °C	47,6	45,3	43,6	37,0	34,6	31,6	33,2	34,6	38,3	40,7	45,2	45,9	47,6
Absol. Min. d. Temperatur	in °C	3,3	1,7	-0,6	-3,9	-6,7	-8,3	-10,0	-8,1	-5,6	-3,3	0,0	2,2	-10,0
Mittl. relative Feuchte	in %	60	63	66	68	71	72	70	67	65	60	59	59	65
Mittl. Niederschlag	in mm	98	113	91	62	62	67	58	50	47	66	68	80	859
Max. Niederschlag	in mm	873	1026	864	622	585	643	496	378	356	290	518	493	2240
Min. Niederschlag	in mm	0	0	0	0	0	0	0	0	0	0	0	0	289
Max. Niederschlag 24 h	in mm	465	389	284	357	212	163	293	155	145	162	133	168	465
Tage mit Niederschlag	>0,25 mm	10	10	11	10	10	10	10	10	9	10	9	10	118
Sonnenscheindauer	in h	258	214	219	194	174	157	171	200	215	238	244	260	2543
Mittl. Sonnenscheindauer	in h/d	8,3	7,6	7,1	6,5	5,6	5,2	5,5	6,5	7,2	7,7	8,1	8,4	7,0
Max. Sonnenscheindauer	in h/d	10,0	9,3	7,8	7,1	6,6	6,3	6,8	7,9	8,2	8,4	8,5	9,4	7,5
Min. Sonnenscheindauer	in h/d	7,3	6,6	6,3	6,0	4,8	4,1	4,3	5,2	6,1	7,1	7,6	7,4	6,7
Potentielle Verdunstung	in mm	131	111	102	70	44	29	26	34	51	80	101	128	906

Habitat der Östlichen Bartagame in Süd-Queensland Foto: G. Schmida

Klimawerte im Verbreitungsgebiet von *Pogona henrylawsoni*

Normaton/Australien, QLD, Lage 17°39'S/141°5'E Höhe ü. NN 10 m

		J	F	M	A	M	J	J	A	S	O	N	D	Jahr
Mittl. Temperatur	in °C	29,8	29,2	29,2	27,9	25,2	22,8	21,8	23,4	26,6	29,1	30,6	30,6	27,2
Mittl. Max. d. Temperatur	in °C	35,0	33,9	34,4	33,9	31,7	29,4	28,9	31,1	33,9	36,1	37,2	36,1	33,3
Mittl. Min. d. Temperatur	in °C	25,0	25,0	23,9	21,7	18,9	16,1	15,0	16,1	19,4	22,2	24,4	25,0	21,1
Absol. Max. d. Temperatur	in °C	43,3	40,6	41,7	40,0	38,3	35,6	36,1	36,7	40,6	43,9	43,3	43,3	43,9
Absol. Min. d. Temperatur	in °C	16,7	17,8	15,6	12,2	15,0	7,2	5,6	7,8	10,6	10,6	12,2	12,8	5,6
Mittl. relative Feuchte	in %	70	72	65	50	49	51	48	42	43	48	52	59	54
Mittl. Niederschlag	in mm	295	249	170	35	7	16	3	1	2	6	46	122	954
Max. Niederschlag	in mm	670	770	546	305	198	106	85	34	51	99	213	619	1530
Min. Niederschlag	in mm	2	18	0	0	0	0	0	0	0	0	0	0	354
Max. Niederschlag 24 h	in mm	272	280	299	174	48	78	60	25	50	72	137	173	299
Tage mit Niederschlag	>0,25 mm	11	12	10	7	6	6	6	4	4	5	8	10	89
Potentielle Verdunstung	in mm	179	159	169	152	123	77	66	94	138	166	175	186	1684

Cloncurry/Australien, QLD, Lage 20°43'S/140°30'E, Höhe ü. NN 193 m

		J	F	M	A	M	J	J	A	S	O	N	D	Jahr
Mittl. Temperatur	in °C	30,9	29,9	28,8	25,8	21,8	18,7	17,8	19,9	23,7	27,6	30,1	31,3	25,5
Mittl. Max. d. Temperatur	in °C	37,2	35,6	35,0	32,2	28,3	25,0	25,0	27,8	31,1	35,0	36,7	37,8	32,2
Mittl. Min. d. Temperatur	in °C	25,0	23,9	22,8	19,4	15,6	12,2	10,6	12,8	16,1	20,0	22,8	24,4	18,9
Absol. Max. d. Temperatur	in °C	52,8	46,1	43,9	39,4	37,2	37,2	35,6	39,4	41,1	44,9	48,3	51,7	52,8
Absol. Min. d. Temperatur	in °C	15,0	15,0	11,7	8,9	5,0	2,2	1,7	1,7	5,0	10,6	12,2	10,0	1,7
Mittl. relative Feuchte	in %	40	49	46	37	39	43	40	32	30	31	34	38	39
Mittl. Niederschlag	in mm	120	101	47	16	12	20	6	3	4	11	40	48	429
Max. Niederschlag	in mm	498	444	279	90	122	179	83	57	112	92	130	515	1047
Min. Niederschlag	in mm	4	0	0	0	0	0	0	0	0	0	0	0	134
Max. Niederschlag 24 h	in mm	63	90	122	13	34	26	33	0	17	28	19	38	122
Tage mit Niederschlag	>0,25 mm	8	6	5	1	2	1	1	0	1	2	3	7	37
Potentielle Verdunstung	in mm	187	162	165	132	73	40	35	56	101	166	179	190	1486

Klimatabelle für das Verbreitungsgebiet von *Pogona henrylawsoni*

Werte aus MÜLLER (1996) inter- und extrapoliert aus den Stationen Normaton (QLD) und Cloncurry (QLD), zusätzliche Durchschnittswerte ergänzt

		J	F	M	A	M	J	J	A	S	O	N	D	Jahr
Mittl. Temperatur	in °C	30,4	29,6	29,0	26,9	23,5	20,8	19,8	21,7	25,2	28,4	30,4	31,0	26,4
Mittl. Max. d. Temperatur	in °C	36,1	34,8	34,7	33,1	30,0	27,2	27,0	29,5	32,5	35,6	37,0	37,0	32,8
Mittl. Min. d. Temperatur	in °C	25,0	24,5	23,4	20,6	17,3	14,2	12,8	14,5	17,8	21,1	23,6	24,7	20,0
Absol. Max. d. Temperatur	in °C	52,8	46,1	43,9	40,0	38,3	37,2	36,1	39,4	41,1	44,9	48,3	51,7	52,8
Absol. Min. d. Temperatur	in °C	15,0	15,0	11,7	8,9	5,0	2,2	1,7	1,7	5,0	10,6	12,2	10,0	1,7
Mittl. relative Feuchte	in %	55	61	56	44	44	47	44	37	37	40	43	49	47
Mittl. Niederschlag	in mm	208	175	109	26	10	18	5	2	3	9	43	85	692
Max. Niederschlag	in mm	670	770	546	305	198	179	85	57	112	99	213	619	1530
Min. Niederschlag	in mm	2	0	0	0	0	0	0	0	0	0	0	0	134
Max. Niederschlag 24 h	in mm	272	280	299	174	48	78	60	25	50	72	137	173	299
Tage mit Niederschlag	>0,25 mm	10	9	8	4	4	4	4	2	3	4	6	9	63
Mittl. Sonnenscheindauer	in h/d	7,2	7,1	6,9	8,5	7,3	8,0	8,8	9,2	9,4	9,5	9,2	8,4	8,3
Potentielle Verdunstung	in mm	183	161	167	142	98	59	51	75	120	166	177	188	1585

Klimawerte im Verbreitungsgebiet von *Pogona microlepidota*

Wyndham/Australien, WA, Lage 15°27'S/128°7'E, Höhe ü. NN 7 m

		J	F	M	A	M	J	J	A	S	O	N	D	Jahr
Mittl. Temperatur	in °C	31,2	30,8	30,8	29,9	27,3	24,9	24,2	26,1	29,0	31,3	32,2	31,9	29,1
Mittl. Max. d. Temperatur	in °C	35,6	35,6	35,0	35,0	32,2	30,0	29,4	31,7	34,4	36,1	36,7	36,1	33,9
Mittl. Min. d. Temperatur	in °C	26,7	26,7	26,1	25,0	22,2	20,0	18,9	21,1	23,9	26,7	27,2	27,2	24,4
Absol. Max. d. Temperatur	in °C	45,3	43,9	42,2	41,7	39,4	37,8	35,7	38,9	41,1	43,9	45,3	44,4	45,3
Absol. Min. d. Temperatur	in °C	18,7	16,7	18,3	17,2	11,1	10,0	8,9	8,3	15,6	18,3	14,4	18,3	8,3
Mittl. relative Feuchte	in %	66	67	63	46	41	40	38	40	44	52	55	60	51
Mittl. Niederschlag	in mm	202	163	122	34	10	10	5	1	2	9	42	104	703
Max. Niederschlag	in mm	718	364	446	238	58	120	133	21	35	82	132	291	1353
Min. Niederschlag	in mm	13	14	3	0	0	0	0	0	0	0	1	7	365
Max. Niederschlag 24 h	in mm	307	150	317	0	69	113	86	11	35	57	85	110	
Tage mit Niederschlag	>0,25 mm	13	11	9	3	1	0	0	0	0	2	6	10	55
Potentielle Verdunstung	in mm	189	163	173	159	139	96	87	132	155	182	185	193	1853

Klimatabelle für das Verbreitungsgebiet von *Pogona microlepidota*

Werte aus MÜLLER (1996) aus der Station Wyndham (WA), zusätzliche Durchschnittswerte ergänzt

		J	F	M	A	M	J	J	A	S	O	N	D	Jahr
Mittl. Temperatur	in °C	31,2	30,8	30,8	29,9	27,3	24,9	24,2	26,1	29,0	31,3	32,2	31,9	29,1
Mittl. Max. d. Temperatur	in °C	35,6	35,6	35,0	35,0	32,2	30,0	29,4	31,7	34,4	36,1	36,7	36,1	33,9
Mittl. Min. d. Temperatur	in °C	26,7	26,7	26,1	25,0	22,2	20,0	18,9	21,1	23,9	26,7	27,2	27,2	24,4
Absol. Max. d. Temperatur	in °C	45,3	43,9	42,2	41,7	39,4	37,8	35,7	38,9	41,1	43,9	45,3	44,4	45,3
Absol. Min. d. Temperatur	in °C	18,7	16,7	18,3	17,2	11,1	10,0	8,9	8,3	15,6	18,3	14,4	18,3	8,3
Mittl. relative Feuchte	in %	66	67	63	46	41	40	38	40	44	52	55	60	51
Mittl. Niederschlag	in mm	202	163	122	34	10	10	5	1	2	9	42	104	703
Max. Niederschlag	in mm	718	364	446	238	58	120	133	21	35	82	132	291	1353
Min. Niederschlag	in mm	13	14	3	0	0	0	0	0	0	0	1	7	365
Max. Niederschlag 24 h	in mm	307	150	317	0	69	113	86	11	35	57	85	110	
Tage mit Niederschlag	>0,25 mm	13	11	9	3	1	0	0	0	0	2	6	10	55
Sonnenscheindauer	in h	242	218	251	270	282	270	298	304	309	295	282	257	3278
Mittl. Sonnenscheindauer	in h/d	7,8	7,8	8,1	9,0	9,1	9,0	9,6	9,8	10,3	9,5	9,4	8,3	
Potentielle Verdunstung	in mm	189	163	173	159	139	96	87	132	155	182	185	193	1853

Lebensraum von *Pogona henrylawsoni* Foto: G. Schmida

Klimawerte im Verbreitungsgebiet von *Pogona mitchelli*

Broome/Australien, WA, Lage: 17°57'S/122°15'E, Höhe ü. NN 11 m

		J	F	M	A	M	J	J	A	S	O	N	D	Jahr
Mittl. Temperatur	in °C	29,6	29,7	29,7	28,1	24,7	21,7	20,8	22,5	25,0	27,4	29,3	30,1	26,5
Mittl. Max. d. Temperatur	in °C	33,3	33,3	33,9	33,9	31,1	27,8	27,8	29,4	31,7	32,8	33,9	33,9	31,7
Mittl. Min. d. Temperatur	in °C	26,1	26,1	25,0	22,2	18,3	15,6	14,4	15,6	18,3	22,2	24,4	26,1	21,1
Absol. Max. d. Temperatur	in °C	44,2	42,7	41,7	41,7	38,3	36,2	35,0	38,1	39,7	42,8	44,0	44,8	44,8
Absol. Min. d. Temperatur	in °C	17,8	15,0	12,8	12,2	7,3	5,6	3,3	4,8	8,9	11,6	14,7	17,2	3,3
Mittl. relative Feuchte	in %	75	76	73	56	54	53	52	54	56	64	66	70	63
Mittl. Niederschlag	in mm	146	134	102	29	33	21	7	2	1	1	7	34	517
Max. Niederschlag	in mm	825	599	600	232	131	246	59	95	22	10	279	368	1084
Min. Niederschlag	in mm	3	2	0	0	0	0	0	0	0	0	0	0	142
Max. Niederschlag 24 h	in mm	356	302	269	181	119	143	55	37	21	10	140	143	356
Tage mit Niederschlag	>0,25 mm	10	8	7	2	2	1	1	1	1	1	1	6	38
Potentielle Verdunstung	in mm	181	157	167	146	98	58	53	71	108	152	168	185	1544

Onslow, Australien, WA, Lage: 21°43'S/114°57'E, Höhe ü. NN 4 m

		J	F	M	A	M	J	J	A	S	O	N	D	Jahr
Mittl. Temperatur	in °C	29,6	29,7	29,1	26,4	22,4	19,0	18,0	19,3	21,6	23,8	26,6	28,3	24,5
Mittl. Max. d. Temperatur	in °C	36,1	35,6	35,6	33,3	28,9	25,6	25,0	26,7	29,4	31,7	34,4	35,6	31,7
Mittl. Min. d. Temperatur	in °C	23,3	23,9	22,8	19,4	15,6	12,2	11,1	11,7	13,9	16,1	18,9	21,1	17,2
Absol. Max. d. Temperatur	in °C	47,7	48,3	46,4	43,8	38,3	32,2	32,2	35,3	38,3	44,6	46,1	47,5	48,3
Absol. Min. d. Temperatur	in °C	15,8	16,6	14,7	10,0	5,6	2,9	3,1	4,4	5,5	7,4	10,0	12,5	3,1
Mittl. relative Feuchte	in %	57	59	58	56	58	60	58	55	51	50	52	55	56
Mittl. Niederschlag	in mm	21	46	62	18	50	40	20	9	1	1	3	3	274
Max. Niederschlag	in mm	261	323	415	279	259	157	221	107	107	15	30	61	717
Min. Niederschlag	in mm	0	0	0	0	0	0	0	0	0	0	0	0	14
Max. Niederschlag 24 h	in mm	237	314	356	157	238	111	90	64	7	7	30	50	356
Tage mit Niederschlag	>0,25 mm	3	3	4	2	3	3	2	2	0	0	0	1	231
Potentielle Verdunstung	in mm	185	161	164	132	75	42	38	48	70	107	151	175	1348

Alice Springs / Australia, NT, Lage: 23°42'S/133°53'E, Höhe ü. NN 579 m

		J	F	M	A	M	J	J	A	S	O	N	D	Jahr
Mittl. Temperatur	in °C	28,1	27,5	24,7	19,8	15,3	12,3	11,6	14,3	18,2	22,8	25,5	27,4	20,6
Mittl. Max. d. Temperatur	in °C	36,1	35,0	32,2	27,2	22,8	19,4	19,4	22,8	27,1	31,1	33,9	35,6	28,3
Mittl. Min. d. Temperatur	in °C	21,1	20,6	17,2	12,2	7,8	5,0	3,9	6,1	9,4	14,4	17,8	20,0	12,8
Absol. Max. d. Temperatur	in °C	46,7	45,6	45,0	39,3	38,3	30,6	31,1	35,8	37,6	45,1	46,1	47,2	47,2
Absol. Min. d. Temperatur	in °C	10,0	8,5	3,9	1,9	-2,8	-5,6	-7,2	-3,9	-1,1	2,4	4,4	7,8	-7,2
Mittl. relative Feuchte	in %	33	36	38	41	49	54	49	40	34	30	31	32	37
Mittl. Niederschlag	in mm	44	34	28	10	15	13	7	8	7	18	29	39	252
Max. Niederschlag	in mm	281	236	227	117	109	74	106	158	90	115	139	288	726
Min. Niederschlag	in mm	0	0	0	0	0	0	0	0	0	0	0	0	60
Max. Niederschlag 24 h	in mm	98	84	147	72	39	51	50	63	31	58	68	118	147
Tage mit Niederschlag	>0,25 mm	4	3	3	2	2	2	1	2	1	3	4	4	31
Sonnenscheindauer	in h	319	291	288	276	248	240	276	304	300	301	303	310	3456
Sonnenscheindauer	in h/d	10,3	10,4	9,3	9,2	8,0	8,0	8,9	9,8	10,0	9,7	10,1	10,0	9,5
Potentielle Verdunstung	in mm	175	155	123	74	37	21	18	31	60	139	150	179	1162

Mundiwindi/Australien, WA, Lage: 23°52'S/120°9'E, Höhe ü. NN 408 m

		J	F	M	A	M	J	J	A	S	O	N	D	Jahr
Mittl. Temperatur	in °C	30,6	29,8	27,5	21,1	18,1	13,8	13,2	15,4	19,6	23,3	27,5	29,4	22,6
Mittl. Max. d. Temperatur	in °C	38,3	37,2	34,4	30,6	25,0	21,7	21,1	23,9	28,3	31,7	36,1	37,8	30,6
Mittl. Min. d. Temperatur	in °C	17,8	22,8	20,6	16,1	10,6	6,7	5,0	7,2	10,6	14,4	19,4	21,7	15,0
Absol. Max. d. Temperatur	in °C	44,4	44,4	42,3	40,6	36,4	29,8	30,6	37,3	37,2	40,7	43,3	44,4	44,4
Absol. Min. d. Temperatur	in °C	13,9	12,8	9,4	3,9	-1,7	-4,4	-5,3	-3,3	-1,7	3,3	7,8	11,7	-5,3
Mittl. relative Feuchte	in %	29	31	36	35	43	51	47	40	29	24	23	27	33
Mittl. Niederschlag	in mm	31	29	33	28	24	22	11	7	1	2	7	20	215
Max. Niederschlag	in mm	321	325	267	138	121	113	70	53	61	93	53	160	816
Min. Niederschlag	in mm	0	0	0	0	0	0	0	0	0	0	0	0	26
Max. Niederschlag 24 h	in mm	70	71	175	57	56	40	43	39	34	53	31	114	175
Tage mit Niederschlag	>0,25 mm	6	5	6	3	3	3	2	2	0	1	3	4	38
Sonnenscheindauer	in h	292	255	260	262	250	237	272	285	298	320	322	318	3371
Sonnenscheindauer	in h/d	9,4	9,1	8,4	8,7	8,1	7,9	8,8	9,2	9,9	10,3	10,7	10,3	9,2
Potentielle Verdunstung	in mm	194	163	151	92	44	20	18	29	59	104	163	189	1226

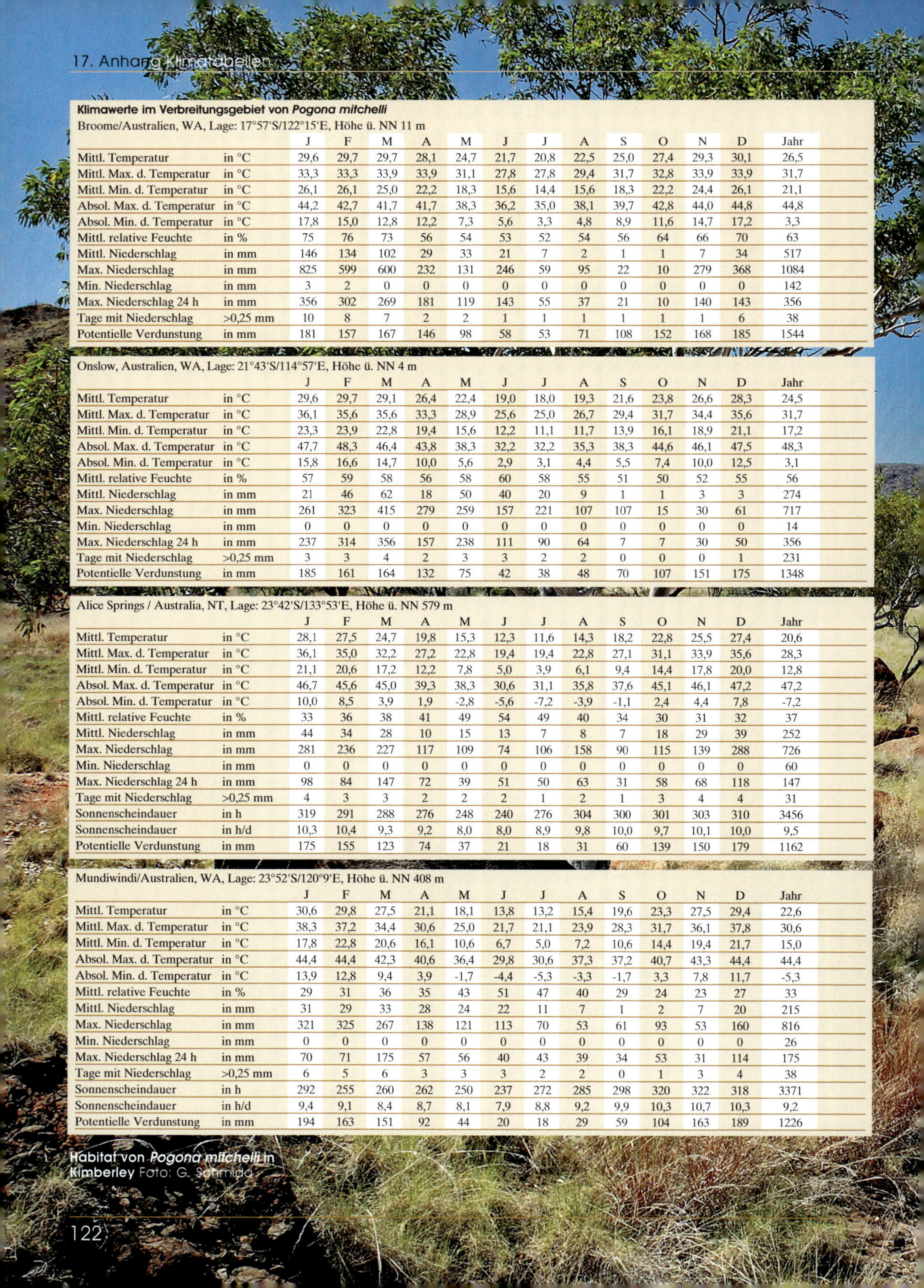

Habitat von *Pogona mitchelli* in Kimberley Foto: G. Schmida

Giles/Australien, NT, Lage: 25°2'S/112°17'E, Höhe ü. NN 580 m		J	F	M	A	M	J	J	A	S	O	N	D	Jahr
Mittl. Temperatur	in °C	30,7	29,7	27,9	23,3	17,4	14,9	13,3	15,5	20,2	24,4	27,6	28,7	22,8
Absol. Max. d. Temperatur	in °C	45,0	46,1	43,3	39,4	33,3	31,7	31,7	33,9	38,3	40,0	43,9	43,9	46,1
Absol. Min. d. Temperatur	in °C	10,0	12,2	11,1	5,0	-0,6	-2,8	-4,4	-1,7	1,1	3,9	7,2	9,4	-4,4
Mittl. relative Feuchte	in %	24	28	30	31	37	42	38	30	21	24	23	23	29
Mittl. Niederschlag	in mm	19	21	8	12	19	10	15	18	3	7	11	31	174
Max. Niederschlag 24 h	in mm	31	79	102	76	18	41	5	5	5	10	48	46	102
Tage mit Niederschlag	>0,25 mm	4	3	4	3	4	3	2	2	2	3	4	3	37
Sonnenscheindauer	in h	310	265	280	275	245	240	260	270	290	300	315	320	3370
Sonnenscheindauer	in h/d	10,0	9,5	9,0	9,2	7,9	8,0	8,4	8,7	9,7	9,7	10,5	10,3	9,2

Klimatabelle für das Verbreitungsgebiet von *Pogona mitchelli*

Werte aus MÜLLER (1996) inter- und extrapoliert aus den Stationen BROOME (WA), Onslow (WA), Alice Springs (NT), Mundiwindi (WA) und Giles (NT) zusätzliche Durchschnittswerte ergänzt

		J	F	M	A	M	J	J	A	S	O	N	D	Jahr
Mittl. Temperatur	in °C	29,7	29,3	27,8	23,7	19,6	16,3	15,4	17,4	20,9	24,3	27,3	28,8	23,4
Mittl. Max. d. Temperatur	in °C	36,0	35,3	34,0	31,3	27,0	23,6	23,3	25,7	29,1	31,8	34,6	35,7	30,6
Mittl. Min. d. Temperatur	in °C	22,1	23,4	21,4	17,5	13,1	9,9	8,6	10,2	13,1	16,8	20,1	22,2	16,5
Absol. Max. d. Temperatur	in °C	45,6	45,4	43,7	41,0	36,9	32,1	32,1	36,1	38,2	42,6	44,7	45,6	46,2
Absol. Min. d. Temperatur	in °C	13,5	13,0	10,4	6,6	1,6	-0,9	-2,1	0,1	2,5	5,7	8,8	11,7	-2,1
Mittl. relative Feuchte	in %	43,6	46,0	47,0	43,8	48,2	52,0	48,8	43,8	38,2	38,4	39,0	41,4	43,6
Mittl. Niederschlag	in mm	52,2	52,8	46,6	19,4	28,2	21,2	12,0	8,8	2,6	5,8	11,4	25,4	286,4
Max. Niederschlag	in mm	422,0	370,8	377,3	191,5	155,0	147,5	114,0	103,3	70,0	58,3	125,3	219,3	835,8
Min. Niederschlag	in mm	0,8	0,5	0,0	0,0	0,0	0,0	0,0	0,0	0,0	0,0	0,0	0,0	60,5
Max. Niederschlag 24 h	in mm	158,4	170,0	209,8	108,6	94,0	77,2	48,6	41,6	19,6	27,6	63,4	94,2	227,2
Tage mit Niederschlag	>0,25 mm	5,4	4,4	4,8	2,4	2,8	2,4	1,6	1,8	0,8	1,6	2,4	3,6	33,4
Sonnenscheindauer	in h	307,0	270,3	276,0	271,0	247,7	239,0	269,3	286,3	296,0	307,0	313,3	316,0	3399,0
Mittl. Sonnenscheindauer	in h/d	9,9	9,7	8,9	9,0	8,0	8,0	8,7	9,2	9,9	9,9	10,4	10,2	9,3
Max. Sonnenscheindauer	in h/d	10,3	10,4	9,3	9,2	8,1	8,0	8,9	9,8	10,0	10,3	10,7	10,3	9,5
Min. Sonnenscheindauer	in h/d	9,4	9,1	8,4	8,7	7,9	7,9	8,4	8,7	9,7	9,7	10,1	10,0	9,2
Potentielle Verdunstung	in mm	183,8	159,0	151,3	111,0	63,5	35,3	31,8	44,8	74,3	125,5	158,0	182,0	1320,0

Klimawerte im Verbreitungsgebiet von *Pogona minima*

Geraldtown/Australia, WA, Lage: 28°45'S/114°26'E, Höhe ü. NN 4 m

		J	F	M	A	M	J	J	A	S	O	N	D	Jahr
Mittl. Temperatur	in °C	24,1	24,3	23,5	21,5	18,6	16,6	15,4	15,8	16,8	18,1	20,8	22,5	19,8
Absol. Max. d. Temperatur	in °C	47,7	46,4	44,3	39,4	34,8	28,8	27,2	31,6	35,8	40,3	42,7	45,0	47,7
Absol. Min. d. Temperatur	in °C	8,9	10,6	8,3	5,4	2,1	0,8	0,8	1,7	1,8	3,3	5,6	7,7	0,8
Mittl. relative Feuchte	in %	61	61	61	60	64	67	68	68	67	65	65	63	65
Mittl. Niederschlag	in mm	7	10	16	30	66	113	96	64	26	18	7	5	457
Max. Niederschlag	in mm	96	117	169	93	328	328	205	242	105	70	40	32	855
Min. Niederschlag	in mm	0	0	0	0	6	34	18	8	1	0	0	0	262
Max. Niederschlag 24 h	in mm	79	82	94	69	78	109	51	93	43	70	36	51	109
Tage mit Niederschlag	>0,25 mm	2	2	3	5	10	13	15	12	8	7	3	2	82
Potentielle Verdunstung	in mm	127	114	108	79	54	40	35	39	47	61	82	111	897

Yalgoo/Australia, WA, Lage 28°21'S/116°41'E, Höhe ü. NN 318 m

		J	F	M	A	M	J	J	A	S	O	N	D	Jahr
Mittl. Temperatur	in °C	28,8	28,6	26,1	21,6	16,6	13,4	12,4	13,5	16,6	19,6	23,9	27,1	20,7
Mittl. Max. d. Temperatur	in °C	36,7	36,1	32,8	28,9	22,8	18,9	18,3	19,4	23,9	27,2	32,2	35,6	27,8
Mittl. Min. d. Temperatur	in °C	20,6	20,6	18,3	14,4	10,0	7,8	6,1	6,7	8,3	11,1	15,0	18,3	13,3
Absol. Max. d. Temperatur	in °C	46,1	46,8	43,9	40,6	34,4	28,9	27,2	33,9	35,6	40,0	42,8	45,0	46,8
Absol. Min. d. Temperatur	in °C	10,0	10,6	8,9	4,4	0,6	-1,1	-1,7	-0,6	1,1	-1,1	6,1	9,4	-1,7
Mittl. relative Feuchte	in %	38	41	45	52	61	68	70	66	55	47	41	37	49
Mittl. Niederschlag	in mm	14	20	24	21	28	40	38	26	9	7	9	10	246
Max. Niederschlag	in mm	101	178	120	70	141	105	82	112	64	37	55	34	497
Min. Niederschlag	in mm	0	0	0	0	0	5	9	4	1	2	0	0	94
Max. Niederschlag 24 h	in mm	61	84	99	89	64	51	30	61	38	36	33	51	99
Tage mit Niederschlag	>0,25 mm	3	3	4	3	5	8	8	7	3	3	2	2	51
Sonnenscheindauer	in h	350	300	280	255	230	210	230	250	270	305	330	360	3370
Sonnenscheindauer	in h/d	11,3	10,7	9,0	8,5	7,4	7,0	7,4	8,1	9,0	9,8	11,0	11,6	9,2
Potentielle Verdunstung	in mm	181	152	135	82	42	24	20	27	45	71	121	169	1069

Perth/Australien, WA, Lage: 37°57'S/115°51'E, Höhe ü. NN 60 m

		J	F	M	A	M	J	J	A	S	O	N	D	Jahr
Mittl. Temperatur	in °C	23,4	23,9	22,2	19,2	16,1	13,7	13,1	13,5	14,7	16,3	19,2	21,5	18,1
Mittl. Max. d. Temperatur	in °C	29,4	29,4	27,2	24,4	20,6	17,8	17,2	17,8	19,4	21,1	24,4	27,2	22,8
Mittl. Min. d. Temperatur	in °C	17,2	17,2	16,1	13,9	11,7	10,0	8,9	8,9	10,0	11,7	13,9	16,1	12,8
Absol. Max. d. Temperatur	in °C	43,7	44,6	41,3	37,6	32,4	27,6	24,7	27,8	32,7	37,2	40,3	42,2	44,6
Absol. Min. d. Temperatur	in °C	9,2	8,7	7,7	4,1	1,3	1,6	1,2	1,9	2,6	4,4	5,6	8,6	1,2
Mittl. relative Feuchte	in %	47	48	52	55	65	70	70	66	62	58	50	49	58
Mittl. Niederschlag	in mm	7	12	22	52	125	192	183	135	69	54	23	15	869
Max. Niederschlag	in mm	55	166	145	149	307	477	425	318	199	200	71	81	1250
Min. Niederschlag	in mm	0	0	0	0	20	55	61	12	9	4	0	0	508
Max. Niederschlag 24 h	in mm	44	87	77	67	76	99	76	74	46	44	39	47	99
Tage mit Niederschlag	>0,25 mm	3	3	5	8	15	17	19	19	15	12	7	5	128
Sonnenscheindauer	in h	322	280	273	219	180	144	164	189	213	251	291	322	2848
Sonnenscheindauer	in h/d	10,4	10,0	8,8	7,3	5,8	4,8	5,3	6,1	7,1	8,1	9,7	10,4	7,8
Potentielle Verdunstung	in mm	130	112	105	77	49	33	33	36	47	61	88	122	893

Esperance/Australien, WA, Lage: 33°50'S/121°55'E, Höhe ü. NN 4 m

		J	F	M	A	M	J	J	A	S	O	N	D	Jahr
Mittl. Temperatur	in °C	20,1	20,5	19,6	17,4	14,9	12,8	12,1	12,6	13,9	15,2	17,3	18,9	16,3
Mittl. Max. d. Temperatur	in °C	25,0	25,6	24,4	22,2	20,0	17,2	16,7	17,2	18,9	20,0	22,2	23,9	21,1
Mittl. Min. d. Temperatur	in °C	15,6	15,6	14,4	12,2	10,0	8,3	7,2	7,8	8,9	10,0	12,2	13,9	11,1
Absol. Max. d. Temperatur	in °C	47,2	43,9	43,9	38,9	33,3	27,2	26,1	31,7	35,6	40,0	41,1	42,8	47,2
Absol. Min. d. Temperatur	in °C	5,0	5,0	5,0	3,3	1,7	0,0	-0,6	0,0	1,1	1,1	3,3	4,4	-0,6
Mittl. relative Feuchte	in %	70	69	72	75	77	77	77	77	72	73	71	70	73
Mittl. Niederschlag	in mm	20	18	32	49	92	100	107	95	66	52	27	22	679
Max. Niederschlag	in mm	133	120	124	176	179	273	240	284	14	146	73	83	921
Min. Niederschlag	in mm	0	0	0	5	20	30	24	19	11	14	0	0	438
Max. Niederschlag 24 h	in mm	69	39	44	126	52	72	55	59	116	45	51	71	126
Tage mit Niederschlag	>0,25 mm	5	4	7	9	15	15	16	15	13	12	7	6	124
Potentielle Verdunstung	in mm	108	95	91	66	48	35	34	39	48	63	81	105	813

Klimatabelle für das Verbreitungsgebiet von *Pogona minima*

Werte aus MÜLLER (1996) inter- und extrapoliert aus den Stationen Geraldtown (WA), Yalgoo (WA), Perth (WA) und Esperance (WA) zusätzliche Durchschnittswerte ergänzt

		J	F	M	A	M	J	J	A	S	O	N	D	Jahr1
Mittl. Temperatur	in °C	24,1	24,3	22,9	19,9	16,6	14,1	13,3	13,9	15,5	17,3	20,3	22,5	18,7
Mittl. Max. d. Temperatur	in °C	22,8	22,8	21,1	18,9	15,9	13,5	13,1	13,6	15,6	17,1	19,7	21,7	17,9
Mittl. Min. d. Temperatur	in °C	13,4	13,4	12,2	10,1	7,9	6,5	5,6	5,9	6,8	8,2	10,3	12,1	9,3
Absol. Max. d. Temperatur	in °C	47,7	46,8	44,3	40,6	34,8	28,9	27,2	33,9	35,8	40,3	42,8	45,0	47,7
Absol. Min. d. Temperatur	in °C	5,0	5,0	5,0	3,3	0,6	-1,1	-1,7	-0,6	1,1	-1,1	3,3	4,4	-1,7
Mittl. relative Feuchte	in %	54	55	58	61	67	71	71	69	64	61	57	55	61
Mittl. Niederschlag	in mm	12	15	24	38	78	111	106	80	43	33	17	13	563
Max. Niederschlag	in mm	96	145	140	122	239	296	238	239	96	113	60	58	881
Min. Niederschlag	in mm	0	0	0	1	12	31	28	11	6	5	0	0	326
Max. Niederschlag 24 h	in mm	63	73	79	88	68	83	53	72	61	49	40	55	108
Tage mit Niederschlag	>0,25 mm	3	3	5	6	11	13	15	13	10	9	5	4	96
Sonnenscheindauer	in h	224	193	184	158	137	118	131	146	161	185	207	227	2073
Mittl. Sonnenscheindauer	in h/d	7,2	6,9	5,9	5,3	4,4	3,9	4,2	4,7	5,4	6,0	6,9	7,3	5,7
Max. Sonnenscheindauer	in h/d	11,3	10,7	9,0	8,5	7,4	7,0	7,4	8,1	9,0	9,8	11,0	11,6	9,2
Min. Sonnenscheindauer	in h/d	10,4	10,0	8,8	7,3	5,8	4,8	5,3	6,1	7,1	8,1	9,7	10,4	7,8
Potentielle Verdunstung	in mm	137	118	110	76	48	33	31	35	47	64	93	127	918

Habitat von *Pogona minima* Foto: H.-D. Philippen

Klimawerte im Verbreitungsgebiet von *Pogona minor*

Broome/Australien, WA, Lage: 17°57'S/122°15'E, Höhe ü. NN 11 m

		J	F	M	A	M	J	J	A	S	O	N	D	Jahr
Mittl. Temperatur	in °C	29,6	29,7	29,7	28,1	24,7	21,7	20,8	22,5	25,0	27,4	29,3	30,1	26,5
Mittl. Max. d. Temperatur	in °C	33,3	33,3	33,9	33,9	31,1	27,8	27,8	29,4	31,7	32,8	33,9	33,9	31,7
Mittl. Min. d. Temperatur	in °C	26,1	26,1	25,0	22,2	18,3	15,6	14,4	15,6	18,3	22,2	24,4	26,1	21,1
Absol. Max. d. Temperatur	in °C	44,2	42,7	41,7	41,7	38,3	36,2	35,0	38,1	39,7	42,8	44,0	44,8	44,8
Absol. Min. d. Temperatur	in °C	17,8	15,0	12,8	12,2	7,3	5,6	3,3	4,8	8,9	11,6	14,7	17,2	3,3
Mittl. relative Feuchte	in %	75	76	73	56	54	53	52	54	56	64	66	70	63
Mittl. Niederschlag	in mm	146	134	102	29	33	21	7	2	1	1	7	34	517
Max. Niederschlag	in mm	825	599	600	232	131	246	59	95	22	10	279	368	1084
Min. Niederschlag	in mm	3	2	0	0	0	0	0	0	0	0	0	0	142
Max. Niederschlag 24 h	in mm	356	302	269	181	119	143	55	37	21	10	140	143	356
Tage mit Niederschlag	>0,25 mm	10	8	7	2	2	1	1	1	1	1	1	6	38
Potentielle Verdunstung	in mm	181	157	167	146	98	58	53	71	108	152	168	185	1544

Halls Creek/Australien, WA, Lage: 18°13'S/127°46'E, Höhe ü. NN 374 m

		J	F	M	A	M	J	J	A	S	O	N	D	Jahr
Mittl. Temperatur	in °C	30,3	29,8	28,6	25,3	21,4	18,6	17,7	20,6	24,3	28,8	30,7	30,8	25,6
Mittl. Max. d. Temperatur	in °C	36,7	36,1	35,0	33,3	29,4	27,2	27,2	30,0	33,9	36,7	37,8	37,2	33,3
Mittl. Min. d. Temperatur	in °C	23,9	23,3	21,7	17,8	13,3	10,6	8,9	11,1	15,0	20,6	23,3	23,9	17,8
Absol. Max. d. Temperatur	in °C	44,3	43,8	41,9	39,9	37,2	35,0	34,0	37,8	40,2	42,8	43,7	44,2	44,3
Absol. Min. d. Temperatur	in °C	15,6	12,2	11,0	7,2	2,4	0,3	-1,1	0,4	3,0	8,9	11,7	12,1	-1,1
Mittl. relative Feuchte	in %	54	54	50	40	41	44	42	39	35	38	38	46	45
Mittl. Niederschlag	in mm	123	109	51	15	12	8	9	3	3	9	22	59	423
Max. Niederschlag	in mm	578	373	369	164	167	87	80	56	53	104	200	230	1068
Min. Niederschlag	in mm	5	3	0	0	0	0	0	0	0	0	0	3	214
Max. Niederschlag 24 h	in mm	211	130	174	147	61	36	48	52	31	36	50	120	211
Tage mit Niederschlag	>0,25 mm	12	10	7	2	1	1	1	1	1	3	6	9	54
Sonnenscheindauer	in h	242	218	251	270	282	270	298	304	309	295	282	257	3278
Sonnenscheindauer	in h/d	7,8	7,8	8,1	9,0	9,1	9,0	9,6	9,8	10,3	9,5	9,4	8,3	9,0
Potentielle Verdunstung	in mm	183	158	157	117	63	37	33	55	103	164	178	189	1437

Onslow, Australien, WA, Lage: 21°43'S/114°57'E, Höhe ü. NN 4 m

		J	F	M	A	M	J	J	A	S	O	N	D	Jahr
Mittl. Temperatur	in °C	29,6	29,7	29,1	26,4	22,4	19,0	18,0	19,3	21,6	23,8	26,6	28,3	24,5
Mittl. Max. d. Temperatur	in °C	36,1	35,6	35,6	33,3	28,9	25,6	25,0	26,7	29,4	31,7	34,4	35,6	31,7
Mittl. Min. d. Temperatur	in °C	23,3	23,9	22,8	19,4	15,6	12,2	11,1	11,7	13,9	16,1	18,9	21,1	17,2
Absol. Max. d. Temperatur	in °C	47,7	48,3	46,4	43,8	38,3	32,2	32,2	35,3	38,3	44,6	46,1	47,5	48,3
Absol. Min. d. Temperatur	in °C	15,8	16,6	14,7	10,0	5,6	2,9	3,1	4,4	5,5	7,4	10,0	12,5	3,1
Mittl. relative Feuchte	in %	57	59	58	56	58	60	58	55	51	50	52	55	56
Mittl. Niederschlag	in mm	21	46	62	18	50	40	20	9	1	1	3	3	274
Max. Niederschlag	in mm	261	323	415	279	259	157	221	107	107	15	30	61	717
Min. Niederschlag	in mm	0	0	0	0	0	0	0	0	0	0	0	0	14
Max. Niederschlag 24 h	in mm	237	314	356	157	238	111	90	64	7	7	30	50	356
Tage mit Niederschlag	>0,25 mm	3	3	4	2	3	3	2	2	0	0	0	1	23
Potentielle Verdunstung	in mm	185	161	164	132	75	42	38	48	70	107	151	175	1348

Alice Springs / Australia, NT, Lage: 23°42'S/133°53'E, Höhe ü. NN 579 m

		J	F	M	A	M	J	J	A	S	O	N	D	Jahr
Mittl. Temperatur	in °C	28,1	27,5	24,7	19,8	15,3	12,3	11,6	14,3	18,2	22,8	25,5	27,4	20,6
Mittl. Max. d. Temperatur	in °C	36,1	35,0	32,2	27,2	22,8	19,4	19,4	22,8	27,1	31,1	33,9	35,6	28,3
Mittl. Min. d. Temperatur	in °C	21,1	20,6	17,2	12,2	7,8	5,0	3,9	6,1	9,4	14,4	17,8	20,0	12,8
Absol. Max. d. Temperatur	in °C	46,7	45,6	45,0	39,3	38,3	30,6	31,1	35,8	37,6	45,1	46,1	47,2	47,2
Absol. Min. d. Temperatur	in °C	10,0	8,5	3,9	1,9	-2,8	-5,6	-7,2	-3,9	-1,1	2,4	4,4	7,8	-7,2
Mittl. relative Feuchte	in %	33	36	38	41	49	54	49	40	34	30	31	32	37
Mittl. Niederschlag	in mm	44	34	28	10	15	13	7	8	7	18	29	39	252
Max. Niederschlag	in mm	281	236	227	117	109	74	106	158	90	115	139	288	726
Min. Niederschlag	in mm	0	0	0	0	0	0	0	0	0	0	0	0	60
Max. Niederschlag 24 h	in mm	98	84	147	72	39	51	50	63	31	58	68	118	147
Tage mit Niederschlag	>0,25 mm	4	3	3	2	2	2	1	2	1	3	4	4	31
Sonnenscheindauer	in h	319	291	288	276	248	240	276	304	300	301	303	310	3456
Sonnenscheindauer	in h/d	10,3	10,4	9,3	9,2	8,0	8,0	8,9	9,8	10,0	9,7	10,1	10,0	9,5
Potentielle Verdunstung	in mm	175	155	123	74	37	21	18	31	60	139	150	179	1162

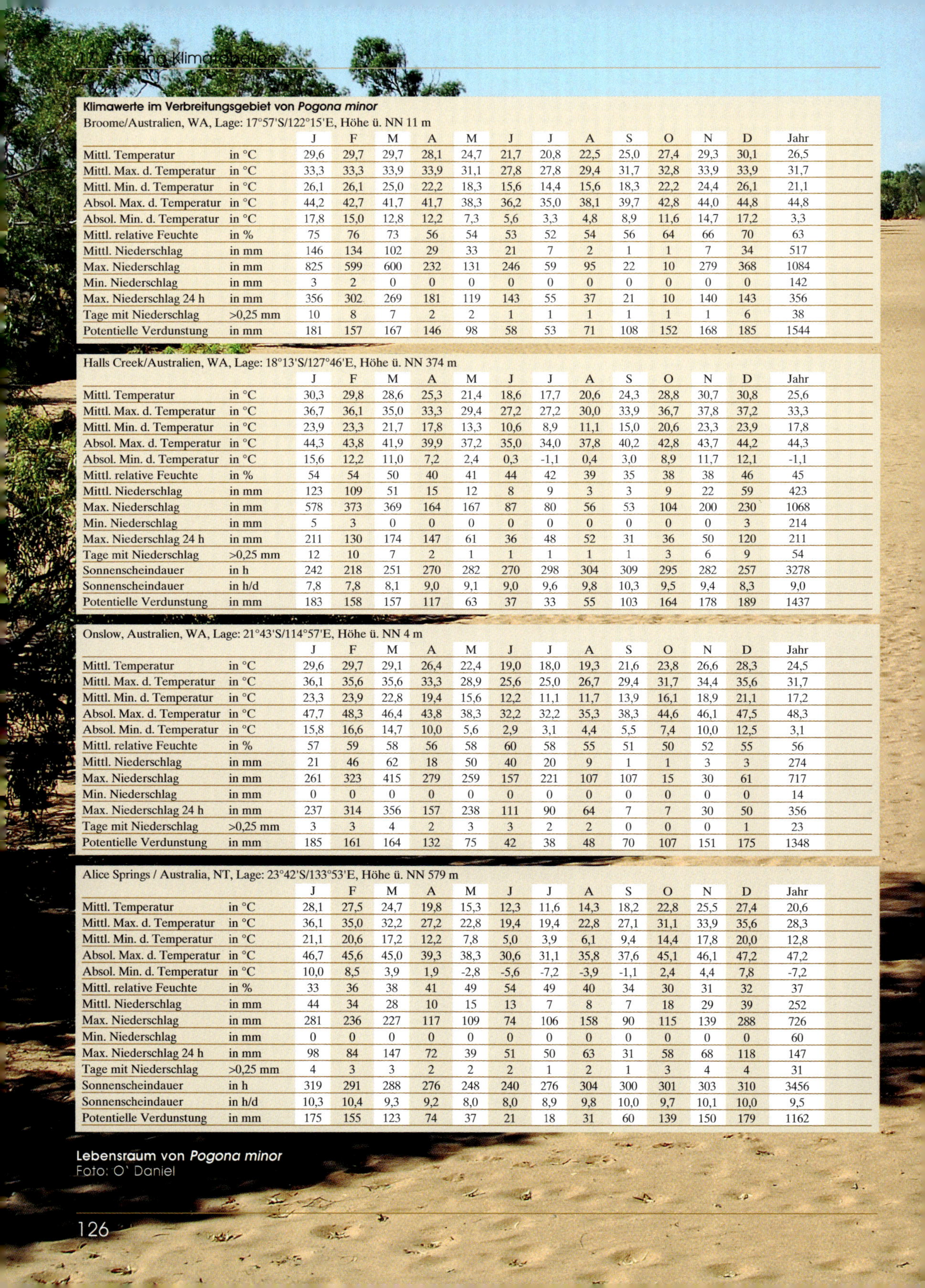

Lebensraum von *Pogona minor*
Foto: O' Daniel

Mundiwindi/Australien, WA, Lage: 23°52'S/120°9'E, Höhe ü. NN 408 m

		J	F	M	A	M	J	J	A	S	O	N	D	Jahr
Mittl. Temperatur	in °C	30,6	29,8	27,5	21,1	18,1	13,8	13,2	15,4	19,6	23,3	27,5	29,4	22,6
Mittl. Max. d. Temperatur	in °C	38,3	37,2	34,4	30,6	25,0	21,7	21,1	23,9	28,3	31,7	36,1	37,8	30,6
Mittl. Min. d. Temperatur	in °C	17,8	22,8	20,6	16,1	10,6	6,7	5,0	7,2	10,6	14,4	19,4	21,7	15,0
Absol. Max. d. Temperatur	in °C	44,4	44,4	42,3	40,6	36,4	29,8	30,6	37,3	37,2	40,7	43,3	44,4	44,4
Absol. Min. d. Temperatur	in °C	13,9	12,8	9,4	3,9	-1,7	-4,4	-5,3	-3,3	-1,7	3,3	7,8	11,7	-5,3
Mittl. relative Feuchte	in %	29	31	36	35	43	51	47	40	29	24	23	27	33
Mittl. Niederschlag	in mm	31	29	33	28	24	22	11	7	1	2	7	20	215
Max. Niederschlag	in mm	321	325	267	138	121	113	70	53	61	93	53	160	816
Min. Niederschlag	in mm	0	0	0	0	0	0	0	0	0	0	0	0	26
Max. Niederschlag 24 h	in mm	70	71	175	57	56	40	43	39	34	53	31	114	175
Tage mit Niederschlag	>0,25 mm	6	5	6	3	3	3	2	2	0	1	3	4	38
Sonnenscheindauer	in h	292	255	260	262	250	237	272	285	298	320	322	318	3371
Sonnenscheindauer	in h/d	9,4	9,1	8,4	8,7	8,1	7,9	8,8	9,2	9,9	10,3	10,7	10,3	9,2
Potentielle Verdunstung	in mm	194	163	151	92	44	20	18	29	59	104	163	189	1226

Wiluna/Australien, WA, Lage: 26°37'S/120°15'E, Höhe ü. NN 518 m

		J	F	M	A	M	J	J	A	S	O	N	D	Jahr
Mittl. Temperatur	in °C	30,1	29,3	26,9	21,7	16,7	13,1	12,1	14,2	17,9	21,6	25,5	28,7	21,5
Absol. Max. d. Temperatur	in °C	46,7	45,6	43,3	40,1	35,0	30,0	30,6	34,4	37,6	41,1	44,4	45,0	46,7
Absol. Min. d. Temperatur	in °C	9,4	12,2	7,1	3,9	-0,3	-3,3	-3,2	-2,3	0,6	1,1	3,6	7,8	-3,3
Mittl. relative Feuchte	in %	36	37	41	45	53	57	56	50	43	39	35	34	42
Mittl. Niederschlag	in mm	38	34	45	18	24	24	12	9	3	4	6	17	234
Max. Niederschlag	in mm	214	134	154	138	131	156	51	77	36	26	94	104	516
Min. Niederschlag	in mm	0	0	0	8	0	0	0	0	0	0	0	0	49
Max. Niederschlag 24 h	in mm	82	97	77	74	59	68	30	42	32	78	32	72	97
Tage mit Niederschlag	>0,25 mm	4	3	5	3	4	4	4	3	1	1	2	3	37
Potentielle Verdunstung	in mm	210	178	142	84	42	21	18	28	54	93	144	202	1216

Giles/Australien, NT, Lage 25°2'S/112°17'E, Höhe ü. NN 580 m

		J	F	M	A	M	J	J	A	S	O	N	D	Jahr
Mittl. Temperatur	in °C	30,7	29,7	27,9	23,3	17,4	14,9	13,3	15,5	20,2	24,4	27,6	28,7	22,8
Absol. Max. d. Temperatur	in °C	45,0	46,1	43,3	39,4	33,3	31,7	31,7	33,9	38,3	40,0	43,9	43,9	46,1
Absol. Min. d. Temperatur	in °C	10,0	12,2	11,1	5,0	-0,6	-2,8	-4,4	-1,7	1,1	3,9	7,2	9,4	-4,4
Mittl. relative Feuchte	in %	24	28	30	31	37	42	38	30	21	24	23	23	29
Mittl. Niederschlag	in mm	19	21	8	12	19	10	15	18	3	7	11	31	174
Max. Niederschlag 24 h	in mm	31	79	102	76	18	41	5	5	5	10	48	46	102
Tage mit Niederschlag	>0,25 mm	4	3	4	3	4	3	2	2	2	3	4	3	37
Sonnenscheindauer	in h	310	265	280	275	245	240	260	270	290	300	315	320	3370
Sonnenscheindauer	in h/d	10,0	9,5	9,0	9,2	7,9	8,0	8,4	8,7	9,7	9,7	10,5	10,3	9,2

Kalgoorlie/Australien, WA, Lage: 30°45'S/121°307'E, Höhe ü. NN 380 m

		J	F	M	A	M	J	J	A	S	O	N	D	Jahr
Mittl. Temperatur	in °C	25,7	24,9	23,0	18,7	14,7	12,0	10,8	12,3	15,3	18,2	21,4	24,3	18,4
Mittl. Max. d. Temperatur	in °C	33,9	33,3	30,0	25,6	20,6	17,2	16,7	18,3	22,8	25,6	30,6	33,3	25,6
Mittl. Min. d. Temperatur	in °C	17,8	17,8	16,1	12,8	9,4	7,2	6,1	6,7	8,9	11,1	14,4	16,7	12,2
Absol. Max. d. Temperatur	in °C	45,8	46,1	43,9	39,2	33,3	27,7	27,2	30,6	35,6	40,7	43,7	45,0	46,1
Absol. Min. d. Temperatur	in °C	8,4	8,9	5,3	1,7	-1,8	-2,0	-3,3	-2,4	-0,6	-1,0	3,4	7,5	-3,3
Mittl. relative Feuchte	in %	46	40	55	59	66	74	74	66	53	48	44	43	56
Mittl. Niederschlag	in mm	24	27	24	18	22	25	24	23	13	14	15	13	244
Max. Niederschlag	in mm	204	315	166	103	96	119	82	81	98	80	70	64	548
Min. Niederschlag	in mm	0	0	0	0	0	0	0	0	0	0	0	0	121
Max. Niederschlag 24 h	in mm	96	178	71	69	45	57	28	31	44	62	65	37	178
Tage mit Niederschlag	>0,25 mm	3	2	4	4	5	6	7	6	3	4	3	2	49
Sonnenscheindauer	in h	341	294	267	231	202	171	202	220	240	279	324	357	3128
Sonnenscheindauer	in h/d	11,0	10,5	8,6	7,7	6,5	5,7	6,5	7,1	8,0	9,0	10,8	11,5	8,6
Potentielle Verdunstung	in mm	159	132	115	72	39	25	22	29	48	75	118	155	989

Klimatabelle für das Verbreitungsgebiet von *Pogona minor*

Werte aus MÜLLER (1996) inter- und extrapoliert aus den Stationen Broome (WA), Halls Creek (WA), Onslow (WA), Alice Springs (NT), Mundiwindi (WA), Wiluna (WA), Giles (NT) und Kalgoorlie (WA)
zusätzliche Durchschnittswerte ergänzt

		J	F	M	A	M	J	J	A	S	O	N	D	Jahr
Mittl. Temperatur	in °C	29,3	28,8	27,2	23,1	18,8	15,7	14,7	16,8	20,3	23,8	26,8	28,5	22,8
Mittl. Max. d. Temperatur	in °C	26,8	35,1	33,5	30,7	26,3	23,2	22,9	25,2	28,9	31,6	34,5	35,6	30,2
Mittl. Min. d. Temperatur	in °C	16,3	22,4	20,6	16,8	12,5	9,6	8,2	9,7	12,7	16,5	19,7	21,6	16,0
Absol. Max. d. Temperatur	in °C	45,6	45,3	43,5	40,5	36,3	31,7	31,6	35,4	38,1	42,2	44,4	45,3	46,0
Absol. Min. d. Temperatur	in °C	12,6	12,3	9,4	5,7	1,0	-1,2	-2,3	-0,5	2,0	4,7	7,9	10,8	-2,3
Mittl. relative Feuchte	in %	44,3	45,1	47,6	45,4	50,1	54,4	52,0	46,8	40,3	39,6	39,0	41,3	45,1
Mittl. Niederschlag	in mm	55,8	54,3	44,1	18,5	24,9	20,4	13,1	9,9	4,0	7,0	12,5	27,0	291,6
Max. Niederschlag	in mm	335,5	329,3	314,0	167,3	144,9	136,0	95,6	89,6	66,7	63,3	123,6	182,1	782,1
Min. Niederschlag	in mm	1,0	0,7	0,0	1,1	0,0	0,0	0,0	0,0	0,0	0,0	0,0	0,4	89,4
Max. Niederschlag 24 h	in mm	147,6	156,9	171,4	104,1	79,4	68,4	43,6	41,6	25,6	39,3	58,0	87,5	202,8
Tage mit Niederschlag	>0,25 mm	5,8	4,6	5,0	2,6	3,0	2,9	2,5	2,4	1,1	2,0	2,9	4,0	38,4
Sonnenscheindauer	in h	188,0	264,6	269,2	262,8	245,4	231,6	261,6	276,6	287,4	299,0	309,2	312,4	3320,6
Mittl. Sonnenscheindauer	in h/d	6,1	9,5	8,7	8,8	7,9	7,7	8,4	8,9	9,6	9,6	10,3	10,1	9,1
Max. Sonnenscheindauer	in h/d	11,0	10,5	9,3	9,2	9,1	9,0	9,6	9,8	10,3	10,3	10,8	11,5	9,5
Min. Sonnenscheindauer	in h/d	0,0	7,8	8,1	7,7	6,5	5,7	6,5	7,1	8,0	9,0	9,4	8,3	8,6
Potentielle Verdunstung	in mm	0,0	138,0	127,4	89,6	49,8	28,0	25,0	36,4	62,8	104,3	134,0	159,3	1115,3

Klimawerte im Verbreitungsgebiet von *Pogona nullarbor*
Eyre/Australien, WA, Lage: 32°14'S/126°22'E, Höhe ü. NN 5 m

		J	F	M	A	M	J	J	A	S	O	N	D	Jahr
Mittl. Temperatur	in °C	20,7	21,2	19,9	17,9	15,2	12,9	11,9	12,6	14,6	16,3	18,1	19,5	16,7
Mittl. Max. d. Temperatur	in °C	26,1	26,1	25,6	23,3	21,1	18,3	17,8	18,9	20,6	22,2	23,9	25,0	22,2
Mittl. Min. d. Temperatur	in °C	15,6	16,1	14,4	12,2	9,4	7,2	6,1	6,7	7,8	10,0	12,2	13,9	11,1
Absol. Max. d. Temperatur	in °C	47,2	46,7	42,8	40,6	35,6	30,6	31,7	32,2	38,3	40,6	45,6	46,1	47,2
Absol. Min. d. Temperatur	in °C	4,4	3,3	2,8	1,1	0,0	-1,7	-3,9	-3,3	-3,3	-1,7	0,6	2,8	-3,9
Mittl. relative Feuchte	in %	62	64	65	68	71	71	71	68	64	62	62	63	66
Mittl. Niederschlag	in mm	13	11	22	23	39	43	32	31	21	19	18	16	289
Max. Niederschlag	in mm	60	82	204	115	156	122	84	88	82	81	71	87	506
Min. Niederschlag	in mm	0	0	1	1	11	6	4	4	0	1	0	0	132
Max. Niederschlag 24 h	in mm	41	41	71	50	37	39	22	20	41	56	27	32	71
Tage mit Niederschlag	>0,25 mm	3	4	5	6	10	10	10	9	7	6	4	4	78
Potentielle Verdunstung	in mm	114	103	95	69	49	34	31	36	46	68	81	103	829

Klimatabelle für das Verbreitungsgebiet von *Pogona nullarbor*
Werte aus MÜLLER (1996) aus der Station Eyre (WA)
zusätzliche Durchschnittswerte ergänzt

		J	F	M	A	M	J	J	A	S	O	N	D	Jahr
Mittl. Temperatur	in °C	20,7	21,2	19,9	17,9	15,2	12,9	11,9	12,6	14,6	16,3	18,1	19,5	16,7
Mittl. Max. d. Temperatur	in °C	26,1	26,1	25,6	23,3	21,1	18,3	17,8	18,9	20,6	22,2	23,9	25,0	22,2
Mittl. Min. d. Temperatur	in °C	15,6	16,1	14,4	12,2	9,4	7,2	6,1	6,7	7,8	10,0	12,2	13,9	11,1
Absol. Max. d. Temperatur	in °C	47,2	46,7	42,8	40,6	35,6	30,6	31,7	32,2	38,3	40,6	45,6	46,1	47,2
Absol. Min. d. Temperatur	in °C	4,4	3,3	2,8	1,1	0,0	-1,7	-3,9	-3,3	-3,3	-1,7	0,6	2,8	-3,9
Mittl. relative Feuchte	in %	62	64	65	68	71	71	71	68	64	62	62	63	66
Mittl. Niederschlag	in mm	13	11	22	23	39	43	32	31	21	19	18	16	289
Max. Niederschlag	in mm	60	82	204	115	156	122	84	88	82	81	71	87	506
Min. Niederschlag	in mm	0	0	1	1	11	6	4	4	0	1	0	0	132
Max. Niederschlag 24 h	in mm	41	41	71	50	37	39	22	20	41	56	27	32	71
Tage mit Niederschlag	>0,25 mm	3	4	5	6	10	10	10	9	7	6	4	4	78
Sonnenscheindauer	in h	330	280	275	250	230	195	230	250	260	300	310	330	3240
Mittl. Sonnenscheindauer	in h/d	10,6	10,0	8,9	8,3	7,4	6,5	7,4	8,1	8,7	9,7	10,3	10,6	
Potentielle Verdunstung	in mm	114	103	95	69	49	34	31	36	46	68	81	103	829

Pogona nullarbor im Biotop
Foto: O. Daniel

Klimawerte im Verbreitungsgebiet von *Pogona vitticeps*

Alice Springs/Australia, NT, Lage: 23°42'S/133°53'E, Höhe ü. NN 579 m

		J	F	M	A	M	J	J	A	S	O	N	D	Jahr
Mittl. Temperatur	in °C	28,1	27,5	24,7	19,8	15,3	12,3	11,6	14,3	18,2	22,8	25,5	27,4	20,6
Mittl. Max. d. Temperatur	in °C	36,1	35,0	32,2	27,2	22,8	19,4	19,4	22,8	27,1	31,1	33,9	35,6	28,3
Mittl. Min. d. Temperatur	in °C	21,1	20,6	17,2	12,2	7,8	5,0	3,9	6,1	9,4	14,4	17,8	20,0	12,8
Absol. Max. d. Temperatur	in °C	46,7	45,6	45,0	39,3	38,3	30,6	31,1	35,8	37,6	45,1	46,1	47,2	47,2
Absol. Min. d. Temperatur	in °C	10,0	8,5	3,9	1,9	-2,8	-5,6	-7,2	-3,9	-1,1	2,4	4,4	7,8	-7,2
Mittl. relative Feuchte	in %	33	36	38	41	49	54	49	40	34	30	31	32	37
Mittl. Niederschlag	in mm	44	34	28	10	15	13	7	8	7	18	29	39	252
Max. Niederschlag	in mm	281	236	227	117	109	74	106	158	90	115	139	288	726
Min. Niederschlag	in mm	0	0	0	0	0	0	0	0	0	0	0	0	60
Max. Niederschlag 24 h	in mm	98	84	147	72	39	51	50	63	31	58	68	118	147
Tage mit Niederschlag	>0,25 mm	4	3	3	2	2	2	1	2	1	3	4	4	31
Sonnenscheindauer	in h	319	291	288	276	248	240	276	304	300	301	303	310	3456
Sonnenscheindauer	in h/d	10,3	10,4	9,3	9,2	8,0	8,0	8,9	9,8	10,0	9,7	10,1	10,0	9,5
Potentielle Verdunstung	in mm	175	155	123	74	37	21	18	31	60	139	150	179	1162

Tarcool/Australia, SA, Lage: 30°42'S/134°34'E, Höhe ü. NN 120 m

		J	F	M	A	M	J	J	A	S	O	N	D	Jahr
Mittl. Temperatur	in °C	25,9	25,5	23,3	18,3	14,6	11,2	10,8	12,7	15,8	18,8	22,2	24,7	18,7
Mittl. Max. d. Temperatur	in °C	34,4	34,4	31,7	26,1	22,2	18,3	18,3	20,0	23,9	27,8	31,1	33,3	26,7
Mittl. Min. d. Temperatur	in °C	17,2	17,2	15,0	10,6	7,2	3,9	3,3	5,0	7,2	10,6	13,3	15,6	10,6
Absol. Max. d. Temperatur	in °C	47,7	46,1	45,6	38,9	33,3	28,1	28,9	34,4	36,1	42,2	45,0	48,9	48,9
Absol. Min. d. Temperatur	in °C	5,6	6,7	4,4	1,7	-1,7	-4,7	-4,4	-3,3	-1,7	0,6	2,2	5,0	-4,7
Mittl. relative Feuchte	in %	40	42	44	53	60	65	64	57	50	46	41	40	48
Mittl. Niederschlag	in mm	10	21	12	7	12	14	11	15	11	18	11	14	156
Max. Niederschlag	in mm	55	167	48	62	90	73	46	54	61	68	56	97	350
Min. Niederschlag	in mm	0	0	0	0	0	0	0	0	0	0	0	0	68
Max. Niederschlag 24 h	in mm	44	141	38	53	72	37	23	27	45	36	30	55	141
Tage mit Niederschlag	>0,25 mm	2	2	2	2	3	4	4	4	3	3	3	2	34
Sonnenscheindauer	in h	330	280	275	250	230	195	230	250	260	300	310	330	3240
Sonnenscheindauer	in h/d	10,6	10,0	8,9	8,3	7,4	6,5	7,4	8,1	8,7	9,7	10,3	10,6	8,9
Potentielle Verdunstung	in mm	151	142	129	73	39	22	19	28	54	100	144	178	1087

Farina/Australien, SA, Lage: 30°5'S/138°8'E, Höhe ü. NN 93 m

		J	F	M	A	M	J	J	A	S	O	N	D	Jahr
Mittl. Temperatur	in °C	27,6	27,7	24,5	19,3	14,8	11,6	10,7	12,7	16,1	20,3	24,0	26,6	19,7
Mittl. Max. d. Temperatur	in °C	35,6	35,6	31,7	26,7	21,7	17,8	17,2	20,0	23,9	28,3	32,2	34,4	27,2
Mittl. Min. d. Temperatur	in °C	20,0	20,0	17,2	12,2	7,8	5,6	3,9	5,6	8,3	12,8	16,1	18,9	12,2
Absol. Max. d. Temperatur	in °C	45,3	42,1	40,4	36,2	30,0	25,8	24,2	31,4	35,6	36,7	42,5	43,9	45,3
Absol. Min. d. Temperatur	in °C	3,9	5,9	5,6	2,2	-0,3	-2,8	-3,6	-1,8	-0,9	1,4	3,9	2,2	-3,6
Mittl. relative Feuchte	in %	34	35	40	49	57	65	62	55	47	39	36	34	44
Mittl. Niederschlag	in mm	14	15	13	10	15	15	9	7	8	14	13	13	146
Max. Niederschlag	in mm	102	114	102	77	76	132	52	52	42	84	74	88	365
Min. Niederschlag	in mm	0	0	0	0	0	0	0	0	0	0	0	0	47
Max. Niederschlag 24 h	in mm	66	107	74	41	39	49	24	48	54	23	41	42	107
Tage mit Niederschlag	>0,25 mm	2	2	2	2	3	3	2	2	2	3	3	2	28
Sonnenscheindauer	in h	330	285	280	255	230	205	230	250	270	295	310	340	327
Sonnenscheindauer	in h/d	10,6	10,2	9,0	8,5	7,4	6,8	7,4	8,1	9,0	9,5	10,3	11,0	9,0
Potentielle Verdunstung	in mm	180	165	128	69	35	20	16	26	46	87	121	164	1048

Port Augusta/Australien, SA, Lage: 32°29'S/137°45'E, Höhe ü. NN 6 m

		J	F	M	A	M	J	J	A	S	O	N	D	Jahr
Mittl. Temperatur	in °C	25,2	25,4	23,2	19,2	15,6	12,6	11,8	13,4	16,1	19,2	22,1	24,2	19,0
Mittl. Max. d. Temperatur	in °C	32,2	32,2	29,4	25,6	21,1	17,8	17,2	18,9	22,2	26,1	28,9	31,1	25,0
Mittl. Min. d. Temperatur	in °C	18,9	18,9	16,7	13,3	10,0	7,8	6,7	7,8	10,0	12,8	15,6	17,8	12,8
Absol. Max. d. Temperatur	in °C	48,3	47,2	43,9	37,8	33,3	27,2	26,7	32,3	35,0	41,1	43,3	46,1	48,3
Absol. Min. d. Temperatur	in °C	10,0	9,4	9,4	5,0	0,6	0,0	-0,6	0,0	3,3	4,4	6,1	7,8	-0,6
Mittl. relative Feuchte	in %	50	47	49	55	61	68	66	62	54	49	46	45	53
Mittl. Niederschlag	in mm	15	18	16	14	23	26	20	26	21	22	18	17	236
Max. Niederschlag	in mm	81	114	143	101	97	95	59	87	104	104	141	82	469
Min. Niederschlag	in mm	0	0	0	0	0	0	0	0	0	0	0	0	56
Max. Niederschlag 24 h	in mm	52	54	118	48	44	64	19	32	52	64	53	32	118
Tage mit Niederschlag	>0,25 mm	3	3	3	4	7	8	8	7	6	5	4	3	60
Potentielle Verdunstung	in mm	153	133	126	72	44	28	24	33	51	86	114	146	1010

Klimatabelle für das Verbreitungsgebiet von *Pogona vitticeps*

Werte aus MÜLLER (1996) inter- und extrapoliert aus den Stationen Alice Springs (NT), Tarcool (SA), Farina (SA) und Port Augusta (SA) zusätzliche Durchschnittswerte ergänzt

		J	F	M	A	M	J	J	A	S	O	N	D	Jahr
Mittl. Temperatur	in °C	26,7	26,5	23,9	19,2	15,1	11,9	11,2	13,3	16,6	20,3	23,5	25,7	19,5
Mittl. Max. d. Temperatur	in °C	34,6	34,3	31,3	26,4	22,0	18,3	18,0	20,4	24,3	28,3	31,5	33,6	26,8
Mittl. Min. d. Temperatur	in °C	19,3	19,2	16,5	12,1	8,2	5,6	4,5	6,1	8,7	12,7	15,7	18,1	12,1
Absol. Max. d. Temperatur	in °C	48,3	47,2	45,6	39,3	38,3	30,6	31,1	35,8	37,6	45,1	46,1	48,9	48,9
Absol. Min. d. Temperatur	in °C	3,9	5,9	3,9	1,7	-2,8	-5,6	-7,2	-3,9	-1,7	0,6	2,2	2,2	-7,2
Mittl. relative Feuchte	in %	39	40	43	50	57	63	60	54	46	41	39	38	46
Mittl. Niederschlag	in mm	21	22	17	10	16	17	12	14	12	18	18	21	198
Max. Niederschlag	in mm	130	158	130	89	93	94	66	88	74	93	103	139	478
Min. Niederschlag	in mm	0	0	0	0	0	0	0	0	0	0	0	0	58
Max. Niederschlag 24 h	in mm	65	97	94	54	49	50	29	43	46	45	48	62	128
Tage mit Niederschlag	>0,25 mm	3	3	3	3	4	4	4	4	3	4	4	3	38
Sonnenscheindauer	in h	326	285	281	260	236	213	245	268	277	299	308	327	3322
Mittl. Sonnenscheindauer	in h/d	10,5	10,2	9,1	8,7	7,6	7,1	7,9	8,6	9,2	9,6	10,3	10,5	9,1
Max. Sonnenscheindauer	in h/d	10,6	10,4	9,3	9,2	8,0	8,0	8,9	9,8	10,0	9,7	10,3	11,0	9,5
Min. Sonnenscheindauer	in h/d	10,3	10,0	8,9	8,3	7,4	6,5	7,4	8,1	8,7	9,5	10,1	10,0	8,9
Potentielle Verdunstung	in mm	165	149	127	72	39	23	19	30	53	103	132	167	1077

Lebensraum von *Pogona vitticeps* nördlich von Port Augusta, South Australia Foto: P.M. Müller

18. Anhang Futter

Für den besseren Überblick erfolgt die Auflistung der Futterkomponenten in alphabetischer Abfolge der deutschen Trivialnamen.

18.1 Geeignete Futterpflanzen

Grundsätzlich ist abwechslungsreich zu füttern, denn selbst gut geeignete Futterpflanzen können sich bei einseitiger Ernährung/übermäßiger Fütterung nachteilig auf die Gesundheit von Bartagamen auswirken. Manche Pflanzen besitzen in geringem Maße eine potentielle schädigende Wirkung, die allerdings erst bei übermäßigem Verzehr zum Tragen kommt. Die gültigen Schutzbestimmungen der Flora (EG-ArtSchVO, BNat SchG, BArtSchV) sind beim Sammeln zu beachten.

18.1.1 Gemüse, Kräuter und Pilze

Ackersalat (*Valerianella locusta*); Ackersenf (*Sinapis arvensis*); Ackerstiefmütterchen (*Viola arvensis*); Ackerwinde (*Convolvulus arvensis*); Artischocke (*Cynara* sp.); Aubergine (*Solanum melongena*); Beifuß (*Artemisia vulgaris*); Beinwell (*Symphytum officinale*); Bohne (*Vicia faba*); Borretsch (*Borago officinalis*); Breitwegerich (*Plantago major*); Brennnessel (*Urtica* sp.); Brokkoli (*Brassica oleracea botrytis*); Brunnenkresse (*Nasturtium* sp.); Buchweizen (*Fagopyrum* sp.); Champignons (*Agaricus bisporus*); Chicorée (*Cichorium intybus*); Chinakohl (*Brassica chinensis*); Dill (*Anethum graveolens*); Eisbergsalat (*Lactuca sativa*); Endivie (*Cichorium* sp.); Erbse (*Pisum* sp.); Erdbeere (*Fragaria* sp.); Esparsette (*Onobrychis* sp.); Feldsalat (*Valerianella* sp.); Fetthenne (*Sedum*

Margerite (*Leucanthemum vulgare*) Foto: P.M. Müller

Beinwell (*Symphytum officinale*)
Foto: P.M. Müller

Wilde Malve (*Malva* sp.)
Foto: P.M. Müller

Lungenkraut (*Pulmonaria officinalis*)
Foto: P.M. Müller

Kamille (*Matricaria* sp.)
Foto: P.M. Müller

Frauenmantel (*Alchemilla vulgaris*)
Foto: P.M. Müller

Bohne (*Vicia faba*)
Foto: P.M. Müller

Ringelblume (*Calendula* sp.)
Foto: P.M. Müller

Borretsch (*Borago officinalis*)
Foto: P.M. Müller

sp.); Frauenmantel (*Alchemilla vulgaris*); Gänseblümchen (*Bellis perennis*); Gänsefingerkraut (*Potentilla anserina*); Gänsekresse (*Arabis* sp.); Gartenkresse (*Lepidium sativum*); Grünkohl, keine Knospen (*Brassica oleracea*); Gurke (*Cucumis sativus*); Hibiskus (*Hibiscus* sp.); Hirse (*Panicum miliaceum*); Hirtentäschel (*Capsella bursa-pastoris*); Hohlzahn (*Galeopsis* sp.); Hopfen (*Humulus lupulus*); Huflattich (*Tussilago farfara*); Kamille (*Matricaria* sp.); Kapuzinerkresse (*Tropaeolum* sp.); Karotte (*Daucus carota sativa*); Kerbel (*Anthriscus cerefolium*); Kleblabkraut (*Galium aparine*); Klee (*Trifolium* sp.); Kleine Braunelle (*Prunella vulgaris*); Knoblauchrauke (*Alliaria officinalis*); Kompasspflanze (*Lactuca serriola*); Kopfsalat (*Lactuca sativa*); Kürbis (*Cucurbita* sp.); Liebstöckel (*Levisticum officinale*); Linsensprossen (*Lens culinaris*); Löwenzahn (*Leontodon* sp.); Lungenkraut (*Pulmonaria officinalis*); Luzerne und deren Sprossen (*Medicago sativa*); Mädesüß (*Filipendula* sp.); Mais (*Zea mays*); Märzveilchen (*Viola odorata*); Melone (*Cucumis melo*); Sprossen der Mungobohne (*Vigna radiata*); Nachtkerze (*Oenothera biennis*); Paprika (*Capsicum annuum*); Petersilie (*Petroselinum crispum*); Blätter des Radieschens (*Raphanus sativus*); Rainkohl (*Lapsana communis*); Raps, keine Knospen (*Brassica napus oleifera*); Rauer Löwenzahn (*Leontodon hispidus*); Rhabarber, keine Knospen (*Rheum officinale*); Ringelblume (*Calendula* sp.); Rosenkohl, keine Knospen (*Brassica oleracea*); Rosmarin (*Rosmarinus officinalis*); Rote Beete, keine Knospen (*Beta vulgaris*); Rübe, keine Knospen (*Beta vulgaris*); Rucola (*Eruca sativa*); Salbei (*Salvia officinalis*); Schafgarbe (*Achillea millefolium*); Schaumkraut (*Cardamine* sp.); Sedum (*Sedum* sp.); Sellerie (*Apium* sp.); Sprossen von Soja (*Glycine* sp.); Spinat (*Spinacia oleracea*); Spitzkohl, keine Blattknospen (*Brassica oleracea*); Stachellattich (*Lactuca serriola*); Sternmiere (*Stellaria* sp.); Tellerkraut (*Claytonia perfoliata*); rote Teile der Tomate (*Lycopersicon esculentum*); Vogelknöterich (*Polygonum aviculare*); Vogelmiere (*Stellaria media*); Wassermelone (*Citrullus lanatus*); Wegerich (*Plantago* sp.); Wegwarte (*Cichorium intybus*); Weidenröschen (*Epilobium* sp.); Weißkohl, keine Blattknospen (*Brassica oleracea*); Wiesenschaumkraut (*Cardamine* sp.); Wilde Malve (*Malva sylvestris*); Wilde Möhre (*Daucus carota*); Winterportulak (*Claytonia perfoliata*); Wirsing, keine Knospen (*Brassica oleracea sabauda*); Ziest (*Stachys* sp.); Zitronenmelisse (*Melissa officinalis*); Zucchini (*Cucurbita pepo*).

Einjähriges Rispengras (*Poa annua*) Foto: P.M. Müller

18.1.2 Stauden, Gräser, Farne und Wasserpflanzen

Ackerkratzdistel (*Cirsium arvense*); Blutweiderich (*Lythrum* sp.); Einjähriges Rispengras (*Poa annua*); Futterwicke, keine Samen (*Vicia sativa*); Gänsedistel (*Sonchus oleraceus*); Gerste (*Hordeum vulgare*); Gilbweiderich (*Lysimachia vulgaris*); Glatthafer (*Arrhenatherum elatius*); Grüne Borstenhirse (*Setaria viridis*), Habichtskraut (*Hieracium* sp.); geflockter Hafer (*Avena* sp.); Hornkraut (*Cerastium* sp.); Hungerblümchen (*Draba verna*); Leinkraut (*Linaria vulgaris*); Pfennigkraut, keine Samen (*Thlaspi arvense*); Sprossen des Roggen (*Secale cereale*); Rote Taubnessel (*Lamium purpureum*); Sprossen der Sonnenblume (*Helianthus annuus*); Spitzwegerich (*Plantago lanceolata*); Taubnessel (*Lamium* sp.); Weicher Storchschnabel (*Geranium molle*); Weiße Taubnessel (*Lamium album*); Weißklee (*Trifolium repens*); Keime und Kleie von Weizen (*Triticum aestivum*); Wicke, keine Samen (*Vicia* sp.); Wiesenlieschgras (*Phleum pratense*); Windenknöterich (*Fallopia convolvulus*); Zaunwicke, keine Samen (*Vicia sepium*); Zitterlinse, keine Samen (*Vicia hirsuta*).

Spitzwegerich (*Plantago lanceolata*) Foto: P.M. Müller

18.1.3 Obst

Ananas (*Ananas sativa*); Apfel, keine Kerne (*Malus domestica*); Aprikose, keine Kerne (*Prunus armenicae*); Banane (*Musa acuminala*); Birne (*Pyrus communis*); Blaubeere (*Vaccinium myrtilloides*); Brombeere (*Rubus* sp.); Eberesche (*Sorbus aucuparia*); Feige (*Ficus* sp.); Heckenrose (*Rosa canina*); Heidelbeere (*Vaccinium myrtilloides*); Himbeere (*Rubus idaeus*); Rote Johannisbeere (*Ribes rubrum*); Kirsche (*Cerasus avium*); Kiwi (*Actinidia chinensis*); Mandarine (*Citrus reticulata*); Moosbeere (*Vaccinium oxycoccos*); Orange (*Citrus sinensis*); Pfirsich, keine Kerne (*Prunus persica*); Pflaume, keine Kerne (*Prunus domestica*); Preiselbeere (*Vaccinium vacillans*); Sanddorn (*Hippophae rhamnoides*); Schlehe, keine Kerne (*Prunus spinosa*); Stachelbeere (*Ribes uva-crispa*); Traube (*Vitis vinifera*); Traubenkirsche, keine Kerne (*Prunus padus*); Weißdorn (*Crataegus* sp.).

Stachelbeere (*Ribes uva-crispa*) Foto: P.M. Müller

18.1.4 Gehölze

Berberitze (*Berberis* sp.); Feuerdorn (*Pyracantha coccinea*); Hartriegel (*Cornus* sp.); Lorbeer (*Laurus nobilis*); Mahonie (*Mahonia aquifolium*); Mehlbeere (*Sorbus aria*); Moltebeere (*Rubus chamaemorus*); Papaya (*Carica papaya*); Schneebeere (*Symphoricarpos* sp.); Zwergmispel (*Cotoneaster* sp.).

18.1.5 Sommerblumen, Beet- und Balkonpflanzen

Margerite (*Leucanthemum vulgare*); Melde (*Atriplex* sp.); Rote Lichtnelke (*Silene dioicia*); Schönmalve (*Abutilon* sp.); Vergissmeinnicht (*Myosotis arvensis*); Weiße Lichtnelke (*Silene latifolia*); Zaunwinde (*Calystegia sepium*).

Margerite (*Leucanthemum vulgare*) Foto: P.M. Müller

Mittelwerte in Gramm						
Pflanze	Wasser	Eiweiß	Fett	Kohlenhydrate	Ballaststoffe	Mineralstoffe
Ackersalat (*Valerianella locusta*)	93,4	1,8	0,4	2,9	0,8	0,8
Ananas (*Ananas sativa*)	84,9	0,5	0,2	12,4	1,0	0,4
Apfel (*Malus domestica*)	84,9	0,3	0,6	11,4	2,0	0,3
Aprikose (*Prunus armenicae*)	85,3	0,9	0,1	8,5	1,5	0,7
Artischocke (*Cynara* sp.)	82,5	2,4	0,1	2,6	10,8	1,3
Aubergine (*Solanum melongena*)	92,6	1,2	0,2	2,5	2,8	0,5
Banane (*Musa acuminala*)	73,9	1,2	0,2	20,0	1,8	0,8
Bärlauch (*Allium ursinum*)	89,4	—	—	2,9	2,2	0,9
Birne (*Pyrus communis*)	82,9	0,5	0,3	12,4	3,3	0,3
Bohne (*Vicia faba*)	89,5	2,4	0,2	5,1	1,9	0,7
Breitwegerich (*Plantago major*)	83,9	3,4	0,4	1,8	—	1,7
Brennnessel (*Urtica* sp.)	83,3	7,4	0,6	1,3	3,1	2,3
Brokkoli (*Brassica oleracea botrytis*)	89,2	3,5	0,2	2,7	3,0	1,1
Brombeere (*Rubus allepheniensis*)	84,7	1,2	1,0	6,2	3,2	0,5
Brunnenkresse (*Nasturtium* sp.)	93,5	1,6	0,3	2,0	1,5	1,1
Buchweizen (*Fagopyrum* sp.)	12,8	9,8	1,7	71,0	3,7	1,7
Champignons (*Agaricus bisporus*)	91,0	4,1	0,3	0,6	2,0	1,0
Chicorée (*Cichorium intybus*)	94,1	1,3	0,2	2,4	1,3	0,8
Chinakohl (*Brassica chinensis*)	94,9	1,1	0,3	1,2	1,9	0,6
Eberesche (*Sorbus aucuparia*)	71,7	1,5	—	18,0	—	0,7
Endivie (*Cichorium* sp.)	94,2	1,8	0,2	1,2	1,2	0,9
Erbse (*Pisum* sp.)	75,2	6,6	0,5	12,3	4,3	0,9
Erdbeere (*Fragaria* sp.)	89,5	0,8	0,4	5,5	1,6	0,5
Feige (*Ficus* sp.)	80,2	1,3	0,5	12,9	2,0	0,7
Feldsalat (*Valerianella* sp.)	92,3	1,8	0,4	0,8	1,5	0,8
Gartenkresse (*Lepidium sativum*)	87,2	4,2	0,7	2,5	3,5	1,9
Gerste (*Hordeum vulgare*)	12,7	10,6	2,1	63,3	9,8	2,3
Grünkohl (*Brassica oleracea*)	85,9	4,3	0,9	2,5	4,2	1,7
Guave (*Psidium* sp.)	83,5	0,9	0,5	5,8	5,2	0,7
Gurke (*Cucumis sativus*)	96,0	0,6	0,2	1,8	0,5	0,6
geflockter Hafer (*Avena* sp.)	10,0	13,5	7,0	58,7	10,0	1,8
Heidelbeere (*Vaccinium myrtilloides*)	84,6	0,6	0,6	6,1	4,9	0,3
Himbeere (*Rubus idaeus*)	84,5	1,3	0,3	4,8	4,7	0,5
Hirse (*Panicum miliaceum*)	12,1	10,6	3,9	68,8	3,8	1,6
Holunder (*Sambucus* sp.)	80,9	2,5	1,7	6,5	—	0,7
Karotte (*Daucus carota sativa*)	88,2	1,0	0,2	4,8	3,6	0,9
Kirsche (*Cerasus avium*)	82,8	0,9	0,3	13,3	1,3	0,5
Kiwi (*Actinidia chinensis*)	83,2	1,0	0,6	9,1	2,1	0,7
Kopfsalat (*Lactuca sativa*)	94,8	1,2	0,2	1,1	1,4	0,7
Kürbis (*Cucurbita* sp.)	91,0	1,1	0,1	4,6	2,2	0,8
Linsensprossen (*Lens culinaris*)	90,7	4,7	0,4	1,7	2,1	0,5
Löwenzahn (*Leontodon* sp.)	88,7	2,9	0,6	2,4	3,0	1,7
Mais (*Zea mays*)	12,5	9,2	3,8	64,2	9,7	1,3

18.1.6 Zimmer- und Kübelpflanzen, Sukkulenten

Guave (*Psidium* sp.); Optunie (*Opuntia robusta*).

18.1.7 Pflanzenbestandteile

Die folgenden Tabelle geben Werte verändert nach MABBERLEY (1987) wieder. Diese unterliegen natürlichen Schwankungen und können innerhalb dieser von den hier aufgelisteten Werten abweichen. Die Angaben beziehen sich jeweils auf 100 g essbaren Pflanzenanteil, d. h., die Futterarten werden in handelsüblicher Form erworben, gewaschen und, soweit notwendig, nicht essbare Teile entfernt.

Mittelwerte in Milligramm							
Mineralstoffe					Vitamine		
Magnesium	Eisen	Kalzium	Phosphor	Ca:P	Carotin	Vitamin-B-Komplex	Vitamin C
13,0	2,0	35,0	49,0	1 : 1,4	3,90	0,15	35,00
17,0	0,4	16,0	9,0	1 : 0,6	0,06	0,19	19,00
5,7	0,2	5,8	11,0	1 : 1,9	0,04	0,17	12,00
9,2	0,7	16,0	21,0	1 : 1,3	1,80	0,16	9,40
26,0	1,5	53,0	130,0	1 : 2,5	0,10	0,15	7,60
13,0	0,4	12,0	21,0	1 : 1,8	0,04	0,16	5,00
31,0	0,4	7,0	23,0	1 : 3,3	0,07	0,46	12,00
22,0	2,9	76,0	50,0	1 : 0,7	—	—	150,00
7,1	0,2	10,0	12,0	1 : 1,2	0,02	0,06	4,60
24,0	0,8	60,0	37,0	1 : 0,6	0,38	0,45	—
43,0	4,3	412,0	65,0	1 : 0,2	—	—	88,00
80,0	4,1	713,0	138,0	1 : 0,2	—	—	333,00
19,0	0,9	58,0	65,0	1 : 1,1	0,88	0,57	100,00
30,0	0,9	44,0	30,0	1 : 0,7	0,27	0,12	17,00
34,0	3,1	180,0	64,0	1 : 0,4	4,90	0,26	96,00
142,0	3,5	20,0	294,0	1 : 14,7	—	0,39	—
14,0	1,2	11,0	125,0	1 : 11,4	10,00	0,60	4,90
13,0	0,7	26,0	26,0	1 : 1	3,40	0,14	8,70
11,0	0,6	40,0	30,0	1 : 0,8	0,43	0,19	26,00
17,0	1,5	42,0	33,0	1 : 0,8	2,50	—	98,00
10,0	1,4	54,0	54,0	1 : 1	1,70	0,17	9,40
34,0	1,7	26,0	113,0	1 : 4,3	0,44	0,62	25,00
13,0	0,6	21,0	26,0	1 : 1,2	0,02	0,15	63,00
20,0	0,6	54,0	32,0	1 : 0,6	0,05	0,21	2,70
13,0	2,0	35,0	49,0	1 : 1,4	3,90	0,35	35,00
—	2,9	214,0	38,0	1 : 0,2	2,20	0,64	59,00
114,0	2,8	38,0	342,0	1 : 9,0	1,00	1,17	—
31,0	1,9	212,0	87,0	1 : 0,4	5,20	0,60	105,00
13,0	0,8	17,0	31,0	1 : 1,8	0,73	0,07	273,00
8,3	0,2	16,0	17,0	1 : 1,1	0,37	0,08	8,00
134,0	5,4	48,0	415,0	1 : 8,6	—	0,90	—
2,4	0,7	10,0	13,0	1 : 1,3	0,03	0,10	22,00
30,0	1,0	40,0	44,0	1 : 1,1	0,03	0,15	25,00
123,0	6,9	9,5	275,0	1 : 28,9	—	1,07	—
—	—	35,0	57,0	1 : 1,6	0,36	0,39	18,00
13,0	0,4	37,0	35,0	1 : 0,9	11,00	0,39	7,00
13,0	0,4	17,0	23,0	1 : 1,4	0,04	0,13	15,00
24,0	0,8	38,0	31,0	1 : 0,8	0,05	0,07	46,00
8,9	0,3	22,0	23,0	1 : 1	1,10	0,20	13,00
8,0	0,8	22,0	44,0	1 : 2	0,95	0,22	12,00
15,0	1,0	5,5	88,0	1 : 16	—	0,37	35,00
37,0	3,3	165,0	67,0	1 : 0,4	7,90	0,36	68,00
91,0	1,5	8,3	213,0	1 : 25,7	1,30	0,96	—

	Mittelwerte in Gramm					
Pflanze	Wasser	Eiweiß	Fett	Kohlenhydrate	Ballaststoffe	Mineralstoffe
Mandarine (*Citrus reticulata*)	86,5	0,7	0,3	10,1	1,7	0,7
Blätter des Meerrettichs (*Armoracia rusticana*)	76,6	2,8	0,3	11,7	—	2,2
Moosbeere (*Vaccinium oxycoccos*)	87,4	0,4	0,7	3,9	—	0,2
Optunie (*Opuntia robusta*)	86,1	1,0	0,4	7,1	5,0	0,3
Orange (*Citrus sinensis*)	85,7	1,0	0,2	8,3	1,6	0,5
Papaya (*Carica papaya*)	87,9	0,5	0,1	7,1	1,9	0,6
Paprika (*Capsicum annuum*)	92,3	1,1	0,2	2,9	3,6	0,5
Petersilie (*Petroselinum crispum*)	81,9	4,4	0,4	7,4	4,3	1,7
Pfirsich (*Prunus persica*)	87,3	0,8	0,1	8,9	1,9	0,5
Pflaume (*Prunus domestica*)	83,7	0,6	0,2	10,2	1,6	0,5
Preiselbeere (*Vaccinium vacillans*)	87,4	0,3	0,5	6,2	2,9	0,3
Radischen (*Raphanus sativus*)	94,1	1,1	0,1	2,1	1,6	0,9
Rauer Löwenzahn (*Leontodon hispidus*)	88,7	2,9	0,6	2,4	3,0	1,7
Rhabarber (*Rheum officinale*)	92,7	0,6	0,1	1,4	3,2	0,6
Roggen (*Secale cereale*)	13,7	9,5	1,7	60,7	13,2	1,9
Rosenkohl (*Brassica oleracea*)	85,0	4,5	0,3	3,3	4,4	1,4
Rote Johannisbeere (*Ribes rubrum*)	84,7	1,1	0,2	4,8	3,5	0,6
Rote Rübe (*Beta vulgaris*)	86,2	1,5	0,1	8,4	2,5	1,0
Tomate, rote Teile (*Lycopersicon esculentum*)	94,2	1,0	0,2	2,6	1,0	0,6
Rucola (*Eruca sativa*)	91,7	2,6	0,7	2,1	1,6	—
Sanddorn (*Hippophae rhamnoides*)	82,6	1,4	7,1	3,3	—	0,5
Sauerampfer (*Rumex acetosa*)	89,2	3,2	0,4	1,2	2,0	0,8
Sellerie (*Apium* sp.)	92,8	1,2	0,2	2,2	2,6	1,1
Sojasprossen (*Glycine* sp.)	85,6	6,1	1,0	4,7	2,4	0,8
Sonnenblumensamen (*Helianthus annuus*)	6,6	26,5	49,0	12,3	6,3	3,3
Spinat (*Spinacia oleracea*)	91,5	2,7	0,3	0,6	2,6	1,7
Spitzwegerich, Blätter (*Plantago lanceolata*)	85,9	2,2	0,4	1,6	—	1,4
Sprossen der Mungobohne (*Vigna radiata*)	93,1	3,2	0,3	1,8	1,2	0,4
Stachelbeere (*Ribes uva-crispa*)	87,2	0,8	0,2	7,1	3,0	0,5
Vogelmiere (*Stellaria media*)	91,3	1,8	—	—	2,8	1,6
Wassermelone (*Citrullus lanatus*)	90,3	0,6	0,2	8,3	0,2	0,4
Weiße Taubnessel, Blätter (*Lamium album*)	83,4	5,3	0,6	0,9	3,9	1,6
Weißkohl (*Brassica oleracea*)	90,4	1,4	0,2	4,2	3,0	0,7
Weizenkeime (*Triticum aestivum*)	11,7	28,7	9,2	30,6	17,7	4,2
Weizenkleie (*Triticum aestivum*)	11,5	16,0	4,7	17,7	45,1	6,2
Wilde Malve, Blätter (*Malva sylvestris*)	79,6	7,3	—	1,9	3,5	2,4
Wirsing (*Brassica oleracea sabauda*)	90,0	2,8	0,3	2,9	2,6	0,9
Zucchini (*Cucurbita pepo*)	93,0	1,9	0,3	2,3	1,1	0,6

18.2. Zum Füttern ungeeignete Pflanzen

Die folgende Auflistung basiert teilweise auf Literaturrecherchen über Säugetiere, somit kann unter Umständen die eine oder andere Pflanzen von Reptilien doch vertragen werden. Im Zweifellsfall ist aber der Verzicht auf die folgenden aufgezählten Pflanzen als auf der sicheren Seite liegend zu betrachten.

+	= giftig
++	= stark giftig, kann zu schweren Vergiftungserscheinungen führen
+++	= sehr stark giftig, schon geringe Mengen lebensgefährlich

18.2.1 Gemüse, Kräuter und Pilze

Adonisröschen (*Adonis vernalis*) ++; Bilsenkraut (*Hyoscyamus niger*) +++; Eisenhut (*Aconitum* sp.) +++; Feuerbohne (*Phaseolus coccineus*) +; Fingerhut (*Digitalis* sp.) +; Holunder (*Sambucus* sp.) +; Kartoffel, oberirdische Teile (*Solanum tuberosum*) +++; Lauch (*Allium* sp.) +; Nachtschatten (*Solanum* sp.) ++; Sauerampfer (*Rumex*

Mittelwerte in Milligramm							
Mineralstoffe					Vitamine		
Magnesium	Eisen	Kalzium	Phosphor	Ca:P	Carotin	Vitamin-B-Komplex	Vitamin C
11,0	0,3	33,0	20,0	1 : 0,6	1,60	0,11	30,00
38,0	1,3	94,0	93,0	1 : 1	20,00	0,43	0,11
7,2	0,9	14,0	9,9	1 : 0,7	0,02	0,05	11,00
—	0,3	28,0	27,0	1 : 1	0,06	0,05	23,00
12,0	0,2	40,0	20,0	1 : 0,5	0,10	0,33	49,00
41,0	0,4	21,0	16,0	1 : 0,8	1,80	0,07	80,00
11,0	0,4	10,0	22,0	1 : 2,2	1,60	0,33	121,00
43,0	3,6	179,0	87,0	1 : 0,5	5,20	0,64	161,00
9,0	0,3	6,3	21,0	1 : 3,3	0,11	0,10	9,50
7,9	0,3	8,3	17,0	1 : 2	0,41	0,16	5,40
5,5	0,5	14,0	9,7	1 : 0,7	0,02	0,05	12,00
9,4	0,4	26,0	18,0	1 : 0,7	23,00	0,12	29,00
37,0	3,3	165,0	67,0	1 : 0,4	7,90	0,36	68,00
11,0	0,4	66,0	22,0	1 : 0,3	61,00	0,09	10,00
91,0	2,8	37,0	337,0	1 : 9,1	—	0,76	—
22,0	1,0	22,0	84,0	1 : 3,8	0,47	0,60	1,12
13,0	0,9	29,0	27,0	1 : 0,9	0,03	0,12	36,00
21,0	0,9	17,0	45,0	1 : 2,6	11,00	0,11	10,00
12,0	0,3	9,4	22,0	1 : 2,3	0,59	0,19	19,00
—	1,5	160,0	—	—	1,40	0,20	—
30,0	0,4	42,0	8,6	1 : 0,2	1,50	0,35	450,00
33,0	2,1	58,0	51,0	1 : 0,9	—	—	117,00
12,0	0,2	80,0	48,0	1 : 0,6	2,90	0,21	7,00
19,0	0,9	32,0	75,0	1 : 2,3	0,03	0,48	20,00
420,0	6,3	98,0	618,0	1 : 6,3	—	2,04	—
60,0	3,8	117,0	46,0	1 : 0,4	4,80	0,32	51,00
47,0	2,5	248,0	63,0	1 : 0,3	—	—	169,00
12,0	0,5	3,7	49,0	1 : 13,2	—	0,20	11,00
15,0	0,6	29,0	30,0	1 : 1	0,11	0,05	35,00
44,0	4,6	150,0	45,0	1 : 0,3	—	—	77,00
8,9	0,2	7,3	9,2	1 : 1,3	0,80	0,17	6,00
67,0	3,2	166,0	61,0	1 : 0,4	—	—	216,00
14,0	0,4	45,0	36,0	1 : 0,8	0,07	0,28	48,00
285,0	8,5	49,0	1022,0	1 : 20,9	0,06	3,21	—
490,0	16,0	67,0	1143,0	1 : 17,1	0,06	1,83	—
82,0	4,1	505,0	120,0	1 : 0,2	—	—	178,00
12,0	0,6	64,0	56,0	1 : 0,9	0,05	0,28	49,00
18,0	1,0	25,0	29,0	1 : 1,2	0,20	0,41	17,00

acetosa) +; Tabakpflanze (*Nicotiana* sp.) +++; Tollkirsche (*Atropa belladonna*) +++; Wolfsmilch, behaarte (*Euphorbia* sp.) ++; Zaunrübe (*Bryonia* sp.) ++.

Klatschmohn (*Papaver* sp.) Foto: P.M. Müller

18.2.2 Stauden, Gräser, Farne und Wasserpflanzen

Hahnenfuß (*Ranunculus* sp.) +; Herbstzeitlose (*Colchicum autumnale*) +++, Zellgift!; Hundspetersilie (*Aethusa cynapium*) +++; Klappertopf (*Rhinanthus* sp.) +; Klatschmohn (*Papaver* sp.) ++;

Krainer Tollkraut (*Scopolia carniolica*) +++; Kronwicke (*Coronilla* sp.) +; Nieswurz (*Helleborus* sp.) ++; Schierling (*Conium maculatum*) +++; Sumpfdotterblume (*Caltha palustris*) +; Sumpfschachtelhalm (*Equisetum palustre*) +; Wunderbaum (*Ricinus communis*) ++.

18.2.3 Obst

Wacholder (*Juniperus* sp.) + bis +++.

18.2.4 Gehölze

Efeu (*Hedera helix*) +; Eibe (*Taxus baccata*) ++; Faulbaum (*Rhamnus frangula*) +; Goldregen (*Laburnum anagyroides*) ++; Liguster (*Ligustrum vulgare*) +; Pfaffenhütchen (*Euonymus europaeus*) ++; Rhododendron (*Rhododendron* sp.) ++; Robinie (*Robinia pseudoacacia*) ++; Schneeball (*Viburnum opulus*) +; Seidelblast (*Daphne mezereum*) +++; Trompetenbaum (*Catalpa* sp.) +.

18.2.5 Sommerblumen, Beet- und Balkonpflanzen

Buschwindröschen (*Anemone nemorosa*) +; Goldlack (*Erysimum cheiri*) ++; Jakobskreuzkraut (*Senecio jacobaea*) +; Maiglöckchen (*Convallaria majalis*) +; Prunkwinde (*Ipomoea purpurea*) +; Schneeglöckchen (*Galanthus* sp.) +.

18.2.6 Zimmer- und Kübelpflanzen, Sukkulenten

Dieffenbachie (*Dieffenbachia* sp.) +++; Engelstrompete (*Datura suaveolens*) +++; Oleander (*Nerium oleander*) ++; Stechapfel (*Datura* sp.) +++.

18.3 Futtertiere

Beim Fang von heimischen Insekten sind die gültigen Schutzbestimmungen (EG-ArtSch VO, BNatSchG, BArtSchV) zu beachten.

18.3.1 Weichtiere

Garten-Schnirkelschnecke (*Cepaea hortensis*), Hain-Schnirkelschnecke (*Cepaea nemoralis*).

18.3.2 Insekten

Ägyptische Wanderheuschrecke (*Locusta migratoria*), Anam-Stabschrecke (*Baculum extradentatum*), Argentinische Schabe (*Blaptica dubia*), Bohnenkäfer (*Acanthoscelides obtectus*), Getreideschimmelkäfer (*Alphitobius diaperinus*), Gewächshausschabe (*Pycnoscelus surinamensis*), Gewöhnliche Kugelassel (*Armadillidium vulgare*), Große Wachsmotte (*Galleria mellonella*), Larve des Großen Schwarzkäfers (*Zophobas morio*), Grüne Schabe (*Panchlora nivea*), Heimchen (*Acheta domesticus*), Höhlengrille (*Phaeophilacris bredoides*), Indische Stabschrecke (*Carausius morosus*), Italienische Schönschrecke (*Calliptamus italicus*), Kellerassel (*Porcellio scaber*), Kleine Wachsmotte (*Achroea grisella*), Marokkanische Wanderheuschrecke (*Dociostaurus maroccanus*), Mauerassel (*Oniscus asellus*), Mehlkäfer (*Tenebrio molitor*) und deren Larven, Nasen-Kugelassel (*Armadillidium nasatum*), Regen-

Steppengrille (*Gryllus assimilis*)
Foto: P.M. Müller

Heuschrecken, wie diese Wüstenheuschrecke (*Schistocerca gregaria*), sind für Bartagamen empfehlenswert, da sie die Echsen beim Beutefang zu mehr Bewegung anregen. Foto: P.M. Müller

würmer (*Lumbricidae*), Rosenkäfer (*Pachnoda butana*), Steppengrille (*Gryllus assimilis*), Südamerikanische Wanderschrecke (*Schistocerca paranensis*), Totenkopfschabe (*Blaberus craniifer*), Wüstenheuschrecke (*Schistocerca gregaria*), Zweifleck-Grille (*Gryllodes sigillatus*).

Mehlwürmer haben u. a. einen hohen Fettanteil, der bei häufiger Gabe den Bartagamen schadet. Foto: P.M. Müller

18.3.3 Wirbeltiere

Jungtiere von Hausmaus (*Mus musculus musculus*), Goldhamster (*Cricetus auratus*) und Wanderratte (*Rattus norvegicus*).

18.4 Sonstiges

Blütenpollen, Sepiaschale.

Zwei Bartagamen beim Fressen von Blütenpollen Foto: P.M. Müller

19. Weitere Informationen

Vereine und Interessengruppen

Die Deutsche Gesellschaft für Herpetologie und Terrarienkunde (DGHT; www.dght.de; DGHT e.V., Postfach 1421, 53351 Rheinbach, Tel.: 02225-703333, E-Mail: gs@dght.de) ist mit über 8.000 Mitgliedern die weltweit größte Gesellschaft ihrer Art und bringt Wissenschaftler und Hobbyherpetologen zusammen. Mitglieder erhalten verschiedene herpetologisch/terraristische DGHT-Zeitschriften und haben Zugriff auf ein Kleinanzeigen-Internet-Portal.

Innerhalb der DGHT existiert die „AG Agamen", die sich u. a. auch mit Bartagamen beschäftigt. Das gemeinsame Mitteilungsblatt „Iguana" der AG Agamen und der AG Iguana (Leguane) erscheint zwei Mal jährlich und veröffentlicht Berichte über Pflege, Zucht, Freilandbeobachtungen und Erkrankungen von Agamen und Leguanen sowie Buchbesprechungen und Projektberichte (z. B. Zuchtprogramme, Schutzprojekte). Kontakt über: www.dght.de/ag/agamen/index.html

Weibchen von *Pogona vitticeps* Foto: P.M. Müller

Zeitschriften

REPTILIA, TERRARIA
Terraristik-Fachmagazine
erscheinen je sechs Mal jährlich
Natur und Tier - Verlag GmbH
An der Kleimannbrücke 39/41
48157 Münster
Tel.: 0251-133390
E-Mail: verlag@ms-verlag.de
www.reptilia.de

DRACO
Terraristik-Themenheft
erscheint vier Mal jährlich
Natur und Tier - Verlag, s. o.

Sauria
Terraristik und Herpetologie
erscheint vier Mal jährlich
Terrariengemeinschaft Berlin e.V.
Bruno Treu, Christstr. 10
14059 Berlin
E-Mail: abo@sauria.de
www.sauria.de

DATZ
Die Aquarien- und Terrarien-Zeitschrift
erscheint monatlich
Verlag Eugen Ulmer
Wollgrasweg 41, 70599 Stuttgart
www.datz.de

Untersuchungsstellen

Kotproben, Sektionen und andere Untersuchungen können von spezialisierten Tierärzten oder von veterinärmedizinischen Untersuchungsstellen, die es in vielen Städten gibt, vorgenommen werden. Eine Liste mit Tierärzten, die sich mit Reptilien und Amphibien beschäftigen, kann über die DGHT bezogen oder auf www.dght.de eingesehen werden. Überregional bekannt sind z. B. folgende Einrichtungen:

• Exomed
Erich-Kurz-Str. 7, 10319 Berlin
Tel.: 030-5112008
E-Mail: labor@exomed.de
www.exomed.de

• Vet Med Labor GmbH
Mörikestraße 28/3
71636 Ludwigsburg
Tel.: 01802-838633
E-Mail: info@vetmedlabor.de
www.vetmedlabor.de
(für privat nur über Ihren Tierarzt)

• Universität München
Institut für Zoologie, Fischereibiologie und Fischkrankheiten der tierärztlichen Fakultät
Kaulbachstr. 37, 80539 München
Tel.: 089-2180-2687
E-Mail: office@zoofisch.vetmed.uni-muenchen.de
www.vetmed.lmu.de/zoofisch/

• Chemisches und Veterinäruntersuchungsamt Ostwestfalen-Lippe
Westerfeldstr. 1, 32758 Detmold
Tel.: 05231-9119
E-Mail: poststelle@cvua-detmold.nrw.de
www.cvua-owl.nrw.de

20. Glossar

adult	geschlechtsreif
Amphigonia retardata	Fähigkeit weiblicher Tiere, den männlichen Samen im Körper zu bevorraten und dort befruchtungsfähig zu halten
arid	trocken, wüstenartig
BArtSchV	Bundesartenschutzverordnung
BNatSchG	Bundesnaturschutzgesetz
BMELF	Bundesministerium für Ernährung, Landwirtschaft und Forsten
CITES	„Convention of International Trade in Endangered Species of Wild Fauna and Flora“, d. h. Konvention über den Handel mit gefährdeten Arten; hierin sind die Bestimmungen zum Schutz von in ihrer Existenz bedrohten Arten festgelegt und die Bedingungen, z. B. für den Handel, formuliert
dorsal	oben, auf dem Rücken
dorso-lateral	oben-seitlich (die Lage anzeigend)
dorso-ventral	vom Rücken zum Bauch hin (richtungsanzeigend)
EG-ArtSchVO	EG-Artenschutzverordnung
Femoralporen	Poren an der Unterseite der hinteren Oberschenkel
fertil	fruchtbar
Follikel	weibliche Eizelle
GL	Gesamtlänge: Länge von der Schnauzenspitze bis zum Schwanzende
heliophil	sonnenliebend
Hemiclitoris	weibliches, paariges Geschlechtsteil; Plural: Hemiclitores
Hemipenis	männliches, paariges Geschlechtsteil; Plural: Hemipenes
Holotypus	Exemplar, anhand dessen eine Art oder Unterart beschrieben wurde
inkubieren	bebrüten von Eiern
juvenil	jung, noch nicht geschlechtsreif
Kloake	gemeinsamer Ausführgang von Enddarm und Geschlechtsapparat
KRL	Kopf-Rumpf-Länge, Länge von der Schnauzenspitze bis zur Kloakenspalte
NZ	Nachzucht
Präanalporen	in Richtung Bauch vor der Kloake liegende Poren
omnivor	allesfressend
SL	Schwanzlänge: Länge von der Kloakenspalte bis zum Schwanzende
Tympanum	Trommelfell

Pogona vitticeps Foto: P.M. Müller

21. Literaturverzeichnis

Verwendete, zitierte Literatur (fett gedruckt hervorgehoben) sowie weiterführende Schriften:

ADKINS, E., T. DRIGGERS, G. FERGUSON, W. GEHRMANN, Z. GYIMESI, E. MAY, M. OGLE & T. OWENS (2003): Roundtable: Ultraviolet Light and Reptiles, Amphibians. – J. Herpe. Med. Surg., Chester Heights, 13(4): 27–37.

AHL, E. (1926): Neue Eidechsen und Amphibien. – ZA, Leipzig, 67: 186–192.

ALDERTON, D. (1986): Spotlight. The bearded dragon. – Aquarist and Pondkeeper, London, 51(5): 18–19.

AMEY, A.P. & J.M. WHITTIER (2000a): Seasonal Patterns of Plasma Steroid Hormones in Males and Females of the Bearded Dragon Lizard, *Pogona barbata*. – Gen. C. Endocr., New York, 117(3): 335–342.

– & – (2000b): The annual reproductive cycle and sperm storage in the bearded dragon, *Pogona barbata*. – Aust. J. Zool., Melbourne, 48(4): 411–420.

ANONYMOUS (1994): Difficulties associated with breeding and rearing lizards at Edinburgh Zoo. – Scot. Herp. Soc. News, Edinburgh: 2–7.

ANONYMOUS (1995): Inland bearded dragon *Pogona vitticeps*. – Ports. Rep. Am. Soc. News., Portsmouth, 1995(85): 14–16.

ANONYMUS (1999): Summer Saftey for Bearded Dragons. – The Vivarium, Escondido, 10(5): 42–43.

ANONYMUS (2001): *Gryllus bimaculatus* Iridescent Virus. – ÖGH-aktuell, Wien, 2001/8: 3.

ANONYMUS (2003): Reptile-Associated Salmonellosis – Selected States, 1998–2002. – MMWR, Atlanta, 52(49): 1206–1209.

ANONYMUS (2004): Detection and Confirmation of Reptiles Adenovirus Infection by *In Situ* Hybridization. – T.A.R.A.S., Bull., Alberta, 17(1): 8–9; 11–12.

ARESTEE, M. & J.L. FARRIOLS (1998): *Pogona vitticeps* Inland Bearded Dragon (AHL, 1926). – REPTILIA (GB) 2: 39–42

AUMANN, T. (2001): An intraspecific and interspecific comparison of raptor diets in the south-west of the Northern Territory, Australia. – Wildlife Research, Collingwood, 28(4): 379–393.

BADHAM, J.A. (1971a): A Comparison of Two Variants of the Bearded Dragon *Amphibolurus barbatus* (CUVIER). – Ph. D. thesis, University of Sydney, Sydney, 214 S.

– (1971b): Albumin formation in eggs of the agamid *Amphibolurus barbata barbata*. – Cop., Washington, 1971: 543–545.

– (1976): The *Amphibolurs barbatus* species-group (Lacertilia: Agamidae). – Aust. J. Zool., Melbourne, 24: 423–443.

BAKER, A. (1998): Successful breeding. – Vivarium, Escondido, 9(3): 70.

BAKER, L.M. & COMMUNITY MUTITJULU (1992): Comparing two views of the landscape: Aboriginal traditional ecological knowledge and modern scientific knowledge. – The Rangeland Journal, Collingwood, 14(2): 174–189.

BARNARD, S.M. & L.A. DURDEN (1994): A veterinary guide to the parasites of reptiles. Volume 1 Protozoa. – Krieger Publishing, 154 S.

– & – (2000): A veterinary guide to the parasites of reptiles. Volume 2 Arthropods (Excluding Mites). – Krieger Publishing, 288 S.

BARNETT, S.M. (1996): Reptile keeper's handbook. – Krieger Publishing, Malabar, 252 S.

BARRETT, C. (1928): Lizards in Australian wilds. – Bull. New York Zool. Soc., New York, 31: 99–111.

– (1950): Reptiles of Australia. – Cassel, Melbourne, 168 S.

BARRINGTON, D. & T. CORNS (1993): Fauna laws in South Australia. – S. 356–358 in: LUNNEY, D. & D. AYERS (Hrsg.): Herpetology in Australia. A diverse dicipline. – Transactions of the Royal Zoological Society of New South Wales, Surrey Beatty & Sons, Cipping Norton.

BARTHOLOMEW, G.A. & V.A. TUCKER (1963): Control of changes in body temperature, metabolism and circulation by the agamid lizard *Amphibolurus barbata*. – PHZOA, Chicago, 36: 199–218.

BARTLETT, R.D. & P. BARTLETT (1999): Bearded Dragons. – Barron's, New York, 45 S.

– & – (1999): Terrarium and Cage Construction and Care.– Barron's, New York, 218 S.

BAVERSTOCK, P.R. (1975): Effect of variations in rate of growth on physiological parameters in the lizard *Amphibolurus ornatus*. – CBCPA, New York, 51A: 619–631.

– & S.D. BRADSHAW (1975): Variation in rate of growth and adrenal corticosteroidogenesis in field and laboratory populations of the lizard *Amphibolurus ornatus*. – CBCPA, New York, 52A: 557–565.

BECK, W. (Hrsg.) & N. PANTCHEV (2006): Praktische Parasitologie bei Heimtieren. Kleinsäuger, Vögel, Reptilien, Bienen. – Schlütersche Verlagsgesellschaft, Hannover, 317 S.

BEDDARD, F.E. (1905): A contribution to the anatomy of the Frilled Lizard (*Clamydosaurus kingii*) and some other Agamidae. – Proc. Zool. Soc., London, 1905: 9–22.

BENEDIX, E.H., S.J. CASPER, S. DANERT, P. HÜBSCH, K.E. LINDNER, M. SCHMIEDKNECHT, R. SCHUBERT & W. SENGE (2000): Viren, Bakterien, Algen, Pilze. – Urania Verlag, Berlin, 664 S.

BERÈNYI, D. (1967): Mikroklimatologie – Mikroklima der bodennahen Atmosphäre. – Gustav Fischer Verlag, Stuttgart, 328 S.

BERGHOF, H.-P. (1997): Ist die Vergesellschaftung des Kaspischen Wüstenwarans (*Varanus griseus caspius*) mit Agamen (*Pogona vitticeps*) möglich? – Monitor Sprockhövel, 5(2): 48–50.

– (1999): Nachtrag zum Artikel „Ist die Vergesellschaftung des Kaspischen Wüstenwarans (*Varanus griseus caspius*) mit Agamen (*Pogona vitticeps*) möglich?". – Monitor Sprockhövel, 8(1): 16–18.

BICKEL-SANDKÖTTER, S. (2001): Nutzpflanzen und ihre Inhaltsstoffe. – Quelle & Meyer Verlag, Wiebelsheim, 481 S.

BLACK, J. (1995): Some interesting notes on the maintenance of the inland bearded dragon. – League Fl. Herp. Soc., Estero: 17–19.

BONETTI, M. (2002): 100 Sauri. – Mondadori, Milano, 192 S.

BOULENGER, G.A. (1885): Catalogue of the Lizards in the British Museum (Natural History). 2. ed. Vol I. Geckonidae, Eublephaeidae, Uroplatidae, Pygopodidae, Agamidae. – Taylor and Francis, London, 436 S.

– (1887): Catalogue of the Lizards in the British Museum (Natural History). 2. ed. Vol. III. Lacertidae, Gerrhosauridae, Scinoidae, Anelytropidae, Dibamidae, Chamaeleontidae. – Taylor and Francis, London, 669 S.

BOULENGER, E.G. (1914): Reptiles and Batrachians. – J.M. Dent & Sons, London, 377 S.

BRADSHAW, S.D. (1965): The comparative ecology of lizards of the genus *Amphibolurus*. – Unpublished Ph. D. Thesis, University of Western Australia, Perth, Australien.

– (1970): Seasonal changes in the water and electrolyte metabolism of *Amphibolurus* lizards in the field. – CBCPA, New York, 36: 689–719.

– (1997): Homeostasis in Desert Reptiles. – Springer-Verlag, Berlin, 213 S.

– (1981): Ecophysiology of Australian desert lizards: studies on the genus *Amphibolurus*. – S. 1393–1434 in: KEAST, A. & W. JUNK (Hrsg.): Ecological biogeography of Australia. – Dr. W. Junk BV Publishers, Den Haag.

– & A.R. MAIN (1968): Behavioural attitudes and regulation of temperature in *Amphibolurus* lizards. – J. Zool., London, 154: 193–221.

– & V.H. SHOEMAKER (1967): Aspects of water and electrolyte changes in a field population of *Amphibolurus* lizards. – CBCPA, New York, 20: 855–865.

BRAINERD, E.L. & T. OWERKOWICZ (2006): Functional morphology and evolution of aspiration breathing in tetrapods. – Resp. Physil., Amsterdam, 154: 73–88.

BRATTSTROM, B.H. (1971): Social and Thermoregulatory Behavior of the Bearded Dragon *Amphibolurus barbata*. – Cop., Washington, 484–497.

BROGHAMMER, S. (1998): Albinos – Farb- und Zeichnungsvarianten bei Schlangen und anderen Reptilien. – M&S Verlag, Frankfurt/M., 96 S.

BROWN, G.W. & A.O. NICHOLLS (1993): Comperative census techniques and modelling of habitat utilization by reptiles in northern Victora. – S. 283–290 in: LUNNEY, D. & D. AYERS (Hrsg.): Herpetology in Australia. A diverse dicipline. – Transactions of the Royal Zoological Society of New South Wales, Surrey Beatty & Sons, Cipping Norton, Australien.

BROWNE-COOPER, R. (1984): Notes on the reproduction of the Bearded Dragon *Pogona minor*. – Herpetofauna, Sydney, 15 (1–2): 49.

BUNDESMINISTERIUM FÜR ERNÄHRUNG, LANDWIRTSCHAFT UND FORSTEN, REFERAT TIERSCHUTZ (1997): Gutachten über die Mindestanforderungen an die Haltung von Reptilien vom 10. Januar 1997. – DGHT, Rheinbach, 78 S.

BUSCH, M. (2007): Bartagamen. – Ulmer, Stuttgart, 94 S.

BUSH, B. (1981): Reptiles of the Kalgoorlie-Esperanceregion. – Eigenverlag, Esperance, 48 S.

– (1992): Some records of reproduction in captive lizards and snakes. – Herpetofauna, Sydney, 22(1): 26–31.

–, B. MARYAN, R. BROWN-COOPER & D. ROBINSON (1995): Guide to the Reptiles and Frogs of the Perth Region. – University of Western Australia Press, Nedlands, 226 S.

BUSTARD, R. (1958): Australian Bearded Dragon. – Wat. Life, 13: 391–392.

BUSTARD, H.R. (1966): Notes on the eggs, incubation and young of the Bearded Dragon, *Amphibolurus barbata barbata* (CUVIER). – Brit. J. Her., London, 3: 252–259.

– (1970): Australian Lizards. – William Collins, Sydney, 162 S.

CANNON, K., M. HORROCKS, T. WADDING & R. MEEK (2003): Husbandry of captive Bearded Dragons (*Pogona vitticeps*); does handling influence thermoregulation? – Herp. Bull., London, (82): 5–9.

CARPERNTER, C.C., J.A. BADHAM & B. KIMBLE (1970): Behaviour patterns ot three species of *Amphibolurus* (Agamidae). – Copeia, Washington, 1970: 497–505.

CAUGHLEY, J. (1971): Discussion on the Bearded Dragon - *Amphibolurus, Barbatus, Barbatus*. – Herpetofauna, Sydney, 3(4): 19–21.

CHAPMANN, A. & J. DELL (1977): Reptiles and frogs of Bendering and West Bendering Nature Reserves. – Rec. West. Aust. Mus., Suppl., Perth, 5: 47–55.

– & – (1978): Reptiles and frogs of Dongolocking Nature Reserve. – Rec. West. Aust. Mus., Suppl., Perth, 6: 71–77.

– & – (1980a): Reptiles and frogs of Yorkrakine Rock, East Yorkrakine and North Bungulla Nature Reserves. – Rec. West. Aust. Mus., Suppl., Perth, 12: 69–73.

– & – (1980b): Reptiles and frogs of Badjaling Nature Reserve, South Badjaling Nature Reserve, Yoting Town Reserve and Yoting Water Reserve. – Rec. West. Aust. Mus., Perth, 12: 59–65.

CHILTON, N.B., C.M. BULL & R.H. ANDREWS (1992): Differences in attachment site of the Australian reptile tick *Amblyomma limbatum* (Acari, Ixodidae) on 2 host species. – Int. J. Paras., Lancaster, 22(6): 783–787.

CITY OF WANNEROO (2004): Foreshore Management Plan. Mindarie – Quinns Rocks. Draft for Public Comment. – Ecoscape, North Fremantle, 179 S.

CLEMANN, N., K. LONG, D. SKURRIE & J. DZURIS (2005): A trapping survey of small, ground-dwelling vertebrates in the Little Desert national Park, Victoria. – Aust. Zool., Mosman, 33(1): 119–126.

CLOUDSLEY-THOMPSON, J.L. (1991): Ecophysiology of Desert Arthropods and Reptiles. – Springer-Verlag, Berlin, 203 S.

COGGER, H.G. (2000): Reptiles & Amphibians of Australia. – Cornell University Press, Ithaca, New York, 808 S.

–, E.E. CAMERON & H.M. COGGER (1983): Zoological Catalogue of Australia, Vol. 1, Amphibia and Reptilia. – Bureau of Flora and Fauna, Canberra, 313 S.

COLEMAN, E. (1944): Lizards under domestication. – Vict. Nat., Melbourne, 61(8): 137–138.

COOPER, J.S., D.F.G. POOLE & R. LAWSON (1970): The dentition of agamid lizards with special reference to tooth replacement. – J. Zool., London, 162: 85–98.

COOPER, W.E. (2000): Chemosensory discrimination of plant and animal foods by the omnivorous iguanian lizard *Pogona vitticeps*. – Can. J. Zool., Ottawa, 78(8): 1375–1379.

COOTE, J. (1998): Caring for Bearded Dragons. – Reptil. Trade News, Aylesbury Buchs, 1(1): 45–46.

– (1998): *Pogona vitticeps*: Raising and breeding bearded dragons. – REPTILIA (GB) 4: 34–38.

CRAFTER, S., M.I. SOLDINI, C.B. DANIELS & A.W. SMITS (1995): The effect of temperature and hypoxia-hypercapnia on the respiratory pattern of the unrestrained lizard, *Pogona vitticeps*. – Aust. J. Zool., Melbourne, 43(2): 165–172.

CREE, A., A.P. AMEY & J.M. WHITTIER (2000): Lack of consistent hormonal responses to capture during the breeding season of the bearded dragon, *Pogona barbata*. – CBCPA, New York, 126(2): 275–285.

CRONIN, L. (2001): Key Guide Australian Reptiles and Amphibians. – Envirobook, Annadale, Australien, 224 S.

CRUZ-NETO, A.P. & F. BOZINOVIC (2004): The Relationship between Diet Quality and Basal Metabolic Rate in Endotherms: Insights from Intraspecific Analysis. – Phys. Bioch. Zool., Chicago, 77(6):877–889.

CUVIER, G. (1829): Le Régne Animal. Distribué d'après son organisation, pour servir de base a l'histoire des animaux et d'introduction a l'anatomie comparée. Tome II. Reptiles. – Chez Déterville, Librairie, Paris, 406 S.

DALE, F.D. (1973): Forty Queensland lizards. – Queensland Mus. Publ., Octawo, 64 S.

DALY, G. (1997): Behaviour of the Bearded dragon lizard *Pogona barbata* and *P. vitticeps* in captivity. – Herpetofauna, Sydney, 27(2): 28–32.

DANIELS, C.B., L.K. MCGREGOR & T.E. NICHOLAS (1994): The dragons breathe – A model for the dynamics of breathing and faveolar ventilation in Agamid lizards. – HPTGA, Chicago, 50(3): 251–261.

DANERT, S., F. FUKAREK, K. HAMMER, P. HANELT, J. KRUSE, J. HELM, S. LEHMANN & J. SCHULTZE-MOTEL (2000): Blütenpflanzen 1. – Urania Verlag, Berlin, 590 S.

–, K. HAMMER, P. HAENELT, F. FUKAREK, J. KELLER, J. KRUSE, T. GLADIS & J. SCHULTZE-MOTEL (2000): Blütenpflanzen 2. – Urania Verlag, Berlin, 609 S.

DAVEY, K. (1970): Australian Lizards. – Landsdowne Press, Periwinkle Series, Melbourne, 111 S.

DAVIDGE, C. (1979): A cenus of a community of small terrestrial vertebrates. – Aust. J. Ecol., Carlton South, 4 (2): 165–170

– (1980): Reproduction in the herpetofaunal community of a Banksia woodland near Perth, W.A. – Aust. J. Zool., Sydney, 28: 435–443.

DELL, J. & A. CHAPMANN (1977): Reptiles and frogs of Cockleshell and Kodj Kodjin Nature Reserve. – Rec. West. Aus. Mus., Suppl., Perth, 4: 75–86.

– & – (1979): Reptiles and frogs of Wilroy Nature Reserve. – Rec. West. Aust. Mus., Suppl., Perth, 8: 47–51.

– & – (1981): Reptiles and Frogs of East Yuna and Bindoo Hill Nature Reserves. – Rec. West. Aust. Mus. Suppl., Perth, 13: 95–105.

DENNERT, C. (1997): Untersuchung zur Fütterung von Schuppenechsen und Schildkröten. – Inaugural-Dissertation, Institut für Tierernährung, Tierärztliche Hochschule Hannover, 190 S.

DE VOSJOLI, P. (1996): Step by Step vivarium design: A naturalistic vivarium for small Bearded Dragons. – Vivarium, Escondido, 7(6): 36–37.

– & R. MAILLOUX (1987): The Art of Dragon Keeping – Husbandry and Propagation of *Amphibolurus barbatus* and *Amphibolurus rankini*. – Proc. of the N. Cal. Herp. Soc. 1987 Conference On Captive Propagation and Husbandry of Reptiles and Amphibians, Davis: 57–66.

– & – (1993): The General Care and Maintenance of Bearded Dragons. – Advanced Vivarium Systems, Lakeside, 63 S.

– & – (1996a): A simple system for raising juvenile Bearded Dragons (*Pogona*) indoors. – Vivarium, Escondido, 7(6): 42–44.

– & – (1996b): Species and Morphs of Bearded Dragons *Pogona* in U.S. Herpetoculture. – Vivarium, Escondido, 7 (6): 28–35.

– & – (1997a): All predictions that 1997 will be the year of the dragon. – Vivarium, Escondido, 8(4): 21.

– & – (1997b): Bearded Dragons: Questions and answers. – Vivarium, Escondido, 8(5): 14–15.

– & – (1997c): Tips for success with baby bearded dragons. – Vivarium, Escondido, 8(6): 24.

–, –, S. DONOGHUE, R. KLINGENBERG & J. COLE (2001): The Bearded Dragon Manual. – The Herpetocultural Libary, Advanced Vivarium Systems, Irvine, 174 S.

DHAM, N. (2004): Le *Pogona vitticeps*, un nouvel animal de compagnie. – These pour le Doctorat Veterinaire, La Faculte de Medecine de Creteil, Ecole Nationale Veterinaire d'Alford, 77 S.

DIECKMANN, M. (2007a): Die Zwergbartagame *Pogona henrylawsoni*. – Art für Art, Natur und Tier - Verlag, Münster, 64 S.

– (2007b): FAQ – *Pogona henrylawsoni*. – REPTILIA 12(6): 90–92.

DIENER, H. (1989): Fachlexikon ABC – Arzneipflanzen und Drogen. – Harri Deutsch Verlag, Thun, 344 S.

DIERENFELD, E.S., H.L. ALCRON, K.L. JACOBSON (2002): Nutrient Composition of Whole Vertebrate Prey (Excluding Fish) Fed in Zoos. – Nutrition Advisory Group, Silver Spring, Handbook, Fact Sheet 014, 22 S.

DIRECTOR, SCIENCE AND NATURAL RESOURCES (o. Datum): Draft Terms of Reference for a report assessing the potential impact of importing *Pogona vitticeps* (Inland Bearded Dragon). – Dep. Env. Herit., Canberra, 2 S.

DONOGHUE, S. (1999): Growing Strong Dragons - Calcium supplements for bearded dragons, *Pogona vitticeps*. – Vivarium, Escondido, 10(4): 14–15.

DOUGLAS, K.E., K.E. SAKER, S.A. SMITH, J.L. ROBERTSON & S.D. HOLLADAY (1999): A preliminary feeding study in bearded dragon lizards, *Pogona vitticeps*. – Bull. Ass. Rept. Amph. Vet., Chester Heights, 9(3): 42–46.

DOST, U. (1996): Die Bartagame *Pogona (Amphibolurus) vitticeps*. – VDA-Aktuell, Bochum, März 1996: 69–71.

DOWNEY, F.J. & C.R. DICKMAN (1993): Macro- and microhabitat relationships among lizards of sandridge desert in central Australia. – S. 133–138 in: LUNNEY, D. & D. AYERS (Hrsg.): Herpetology in Australia. A diverse dicipline. – Transact. Royal Zool. Soc. New South Wales, Surrey Beatty & Sons, Cipping Norton.

DUMÉRIL, A.M.C. & G. BIBRON (1837): Erpétologie Général ou histoire naturelle complète des reptiles. Vol. 4. – Librairie Encyclopédique de Roret, Paris, 572 S.

DUNN, K. (1999): The „Snow" Dragon. – Vivarium, Escondido, 10(3): 6.

EGRETZBERGER, G. (1997): Bemerkungen zur Haltung und Zucht dreier Bartagamen-Arten der Gattung *Pogona* STORR, 1982. – Jahrbuch für den Terrarianer, Österreichische Interessensgemeinschaft, Fachgruppe Terraristik, Krenglbach, Band 4: 10–20.

EHRMANN, H. (1992): Enceclopedia of Australian Animals. Reptiles. – Angus & Robertson, Pymble, 495 S.

EISENBERG, T. (2001): Milben an Bartagamen – totale Verwirrung der Halterin. – REPTILIA 6(6): 92–93.

– (2002): Schwanznekrose bei Bartagame. – REPTILIA 7(3): 92–93.

ELLMAN, M.M. (1977): Hematology and Plasma Chemistry of the Inland Bearded Dragon, *Pogona vitticeps*. – Bull. Ass. Rept. Amph. Vet., Chester Heights, 7(4): 10–12.

ENZMANN, E. (1995): Licht – eine unendliche Diskussion. – Datz, Stuttgart, 48(6): 398–401.

ERBEN, H.K. & K.J. MÜNZBERG (1970): Ultrastrukturen und Mineralisation rezenter und fossiler Eischalen bei Vögeln und Reptilien & Untersuchungen zur Kristallographie des Knochenminerals. – F. K. Schattauer, Stuttgart, 100 S.

ERHARDT, W., E. GÖTZ, N. BÖDEKER & S. SEYBOLD (2000): Zander: Handwörterbuch der Pflanzennamen. – Ulmer-Verlag, Stuttgart, 990 S.

ESTES, R. & E.E. WILLIAMS (1984): Ontogenetic variation in the molarifiorm teeth of lizards. – JVP, Norma, 4(1): 96–107.

EZAZ, T., A.E. QUINN, I. MIURA, S.D. SARRE, A. GEORGES & J.A. MARSHALL GRAVES (2005): The dragon lizard *Pogona vitticeps* has ZZ/ZW micro-sex chromosomes. – Chromosome Research, London, 13: 763–776.

FELLMANN, F. (1991): Note de Terrariophillie: *Amphibolurus barbatus vitticeps* (Agama burbu d' Australie). – Bull. Soc. Herp. Fr., Paris, 58: 51.

FITZGERALD, M. (1983): A note on water collection by the Bearded Dragon *Amphibolurus vitticeps*. – Herpetofauna, Sydney, 2(1): 93.

FOGEL, D. (1993): The Inland Bearded Dragon (*Pogona vitticeps*). – Vivarium, Escondido, 4(5): 15–17.

FÖRTHER, R. (2002a): Doppelmißbildung bei Bartagamen. – Datz, Stuttgart, 55(12): 36.

– (2002b): Siamesische Zwillinge bei Bartagamen. – herpetofauna, Weinheim, 24 (141): 34.

– (2003): Siamesische Bartagamen. – REPTILIA 8(2): 10.

FORESTRY SA (2004): Deadman Swamp Native Forest Reserve. Draft Revised Management Plan. – Forestry SA, Mount Gambier, 79 S.

FOSTER, E. (2002): Habitat Requirements of Selected Faunal Groups of the Cobar Peneplain Bioregion and the Lower Murray Darling Catchment. – Department of Land and Water Conservation, Buronga, 198 S.

FOULKES, J.N. & J.S. GILLEN (Hrsg.) (2000): A Biological Survey of the Murray Mallee South Australia. – Biolog. Surv. Res. Sec., Herit. Biodiv. Div., Dep. Environm. Herit., S. Austral., Adelaide, 16 S.

FRANK, W. (1966): Multiple Hyperkeratose bei einer Bartagame, *Amphibolurus barbatus* (Reptilia, Agamidae), hervorgerufen durch eine Pilzinfektion, zugleich ein Beitrag zur Problematik von Mykosen bei Reptilien. – Salamandra, Frankfurt/M., 2(1/2): 6–12.

FRAPPELL, P.B. & P.J. BUTLER (2004): Minimal Metabolic Rate, What It Is, Its Usefulness, and Ist Relationship to the Evolution of Endothermy: A Brief Synopsis. – Phys. Bio. Zool., Chicago, 77(6): 865–868.

FRAUCA, J. (1969): Land of the bearded dragon. – Austr. Inf. Service Bull., Canberra, 4 S.

FREYNIK, C. (2007): Die Zwergbartagame. – Vivaria, Meckenheim, 63 S.

FRIEDRICH, U. & W. VOLLAND (1998): Futtertierzucht. – Ulmer-Verlag, Stuttgart, 187 S.

FRITH, C. & D. FRITH (1991): Australian Tropical Reptiles & Frogs. – Frith & Frith Books, Malanda, 70 S.

FRITZ, P. (2005). Haltung der Streifenköpfigen Bartagame *Pogona vitticeps*. – Iguana, Rheinbach, 18(2): 9–14.

FRY, B.G., N. VIDAL, J.A. NORMAN, F.J. VONK, H. SCHEIB, S.F.R. RAMJAN, S. KURUPPU, K. FUNG, S.B. HEDGES, M.K. RICHARDSON, W.C. HODGSON, V. IGNJATOVIC, R. SUMMERHAYES & E. KOCHVA (2006): Early evolution of the venom system in lizards and snakes. – Nature, London, 439: 584–588.

FRYE, F.L (1981): Biomedical and surgical aspects of captive reptile husbandry. – Vet. Med. Publ. Comp., Edwardsville, 465 S.

– (1995): Reptile clinician's handbook. A compact clinical and surgical reference. – Krieger Publishing, Malabar, 276 S.

– (2003): Reptilien richtig füttern. – Ulmer-Verlag, Stuttgart, 127 S.

–, R.J. MUNN, M. GARDNER & S.L. BARTEN (1994): Adenovirus-Like Hepatitis in a Group of Related Rankin's Dragon Lizards (*Pogona henrylawsoni*). – J. Zoo. Wild., Media, 25(1): 167.

FUKAREK, F., H. HÜBEL, K. MÜLLER, R. SCHUSTER & M. SUCCOW (2000): Vegetation. – Urania, Berlin, 420 S.

–, J. SCHUTZE-MOTEL & M. SIEGEL (2000): Moose, Farne, Nacktsamer. – Urania, Berlin, 390 S.

GANS, C., R. MERLIN & W.F.C. BLUMER (1982): The Water-collecting Mechanism of *Moloch horridus* Reexamined. – Amphib.-Reptilia, Leiden, 3: 57–64.

GIEBING, M. (2001): Beeren – naturnahes und abwechslungsreiches Futter. – GW, Stuttgart, 125(12): 445–447.

GLASER, J. (2006): Bearded Dragons. – Bridgestone Books, Mankato, 24 S.

GLAUERT, L. (1961): A Handboook of the Lizards of Western Australia. – West. Austr. Nat. Club Publ., Perth, No. 6, 100 S.

GRASSÉ, P.-P. (1970): Traité de Zoologie, Anatomie, Sysématique, Biologie: Tome XIV-Reptiles. – Masson et cie Éditeurs, Paris, 1432 S.

GREEN, D. & T. LARSON (2001): Keeping Bearded Dragons Revised. – Aust. Reptile Keeper Publications, Bendigo, 37 S.

GREER, A.E. (1989): The Biology and Evolution of Australian Lizards. – Surrey Beatty & Sons, Chipping Norton, 264 S.

– (2006): Encyclopedia of Australian Reptiles. – Australian Museum, Sydney, http://www.amonline.net.au/herpetology/research/encyclopedia.pdf; 07.08.2006: 563 S.

GRENARD, S. (1999): The Bearded Dragon. – Howell Book House, New York, 126 S.

GRICKSCH, G. (2003): Das Geheimnis von Green Lake. – Cinema, Hamburg, 306: 94–96.

GRIFFITHS, K. (1984): Reptiles and frogs of Australia. – View Products, Sydney, 96 S.

– (1987): Reptiles of the Sydney Region. – Three Sisters Productions, Winmalee, AUS, 120 S.

GRIGG, G.C. & F. SEEBACHER (1999): Field test of paradigm: hysteresis of heart rate in thermoregultion by a free-ranging lizard (*Pogona barbata*). – Proc. R. Soc. London, London, 1425: 1291–1297.

HACKBARTH, R. (1992): Krankheiten der Reptilien. – Kosmos-Verlag, Stuttgart, 55 S.

HAEUPLER, H. & T. MUER (2000): Bildatlas der Farn- und Blütenpflanzen Deutschlands. – Ulmer-Verlag, Stuttgart, 759 S.

HALLIDAY, T. & K. ADLER (Hrsg.) (2002): The new Encyclopedia of Reptiles and Amphibians. – Oxford University Press, Oxford, 240 S.

HALLINGER, M. (1993): Reptiles on regenerating mine sites in western New South Wales. – S. 327–322 in: LUNNEY, D. & D. AYERS (Hrsg.): Herpetology in Australia. A diverse dicipline. – Transact. Royal Zool. Soc. New South Wales, Surrey Beatty & Sons, Cipping Norton.

HALLMEN, M. (2005): Farb- und Zeichnungszuchten in der Terraristik. – REPTILIA 10(5): 16–22.

HANIG, S. & M. KLUGE (2006): Quarantäne und Probenahme zur parasitologischen Untersuchung von Terrarientieren. – TERRARIA 1(1): 85–86.

HARTDEGEN, R.W. & M.K. BAYLESS (1999): Twinning in lizards. – Herpetol. Rev., New York, 30(3): 141.

HASSL, A. (2004): Hygieneprobleme bei der Heimtierhaltung von Exoten. – Wien. Klin. Wochenschr., Wien, 116, Suppl., 116(4): 53–57.

HAUSCHILD, A. (2000a): Die bärtigen Drachen. – REPTILIA 5(5): 22–27.

– (2000b): Ein Evergreen: Bartagamen im Terrarium. – REPTILIA 5(5): 28–32.

– (2000c): Fütterung von Bartagamen. – REPTILIA 5(5): 81.

– (2001): Bartagamen im Freilandterrarium. – REPTILIA 6(4): 92.

– (2003): Bartagamen. – REPTILIA 8(5): 90.

– (2004a): Bodengrund für Bartagamen. – REPTILIA 9(3): 92–93.

– (2004b): Die Bartagame (*Pogona vitticeps*). – Art für Art, Natur und Tier - Verlag, Münster, 64 S.

– (2005): Freilandgehege für Bartagamen. – REPTILIA 10(6): 91–92.

– & H. BOSCH (1997): Bartagamen und Kragenechsen. – Natur und Tier - Verlag, Münster, 95 S.

– & P. GASSNER (1994): Zur Kenntnis von *Egernia kingii*: Morphologie, Ökologie, Terrarienhaltung und Zucht der Inselform von den Houtman Abrohols/Westaustralien. – Salamandra, Rheinbach, 30(3): 185–196.

–, K. HENLE, R. HITZ, G. SHEA & H. WERNING (2000): Blauzungenskinke. – Natur und Tier - Verlag, Münster, 287 S.

HEGNER, D. (1993): The Inland bearded dragon *Amphibolurus vitticeps*. – Akvar. Terrar., Budapest, 36(10): 39–42.

HENDERSON, I. (1992): The Bearded Dragon, *Pogona* sp., and it's maintenance and breeding in capitivity. – Herptile, Walsall, 17(1): 39–46.

HENKEL, F.W. (1980): Zwei Terrarianer reisen nach Australien. – Datz, Stuttgart, 33: 422–426.

– & W. SCHMIDT (1997): Agamen im Terrarium. – Landbuch-Verlag Hannover, 151 S.

HENKE, J. (1975): Vergleichend-morphologische Untersuchungen am Magen-Darm-Trakt der Agamidae und Iguanidae. –Zool. Jb. Anat., Jena, 94: 505–569.

HENLE, K. (1991): Life history patterns in lizards of the arid and semiarid zone of Australia. – Oecologia, Berlin, 88(3): 347–358.

HERNANDEZ, R.A. (2005): It Takes guts to Go Green: Identifying the Factors that Limit the Evolution of Herbivory in Reptiles. – Laboratory of Integrative and Comparative Herpetology, Department of Biology, California State University, Northridge, 25 S.

HERREL, A., J.J. MEYERS, J.-P. TIMMERMANNS & K.C. NISHIKAWA (2002): Review. Supercontracting muscle: producing tension over extreme muscle lengths. – J. Exp. Biol., Cambridge, 205: 2167–2173.

HERRMANN, K. (2001): Inhaltsstoffe von Obst und Gemüse. – Ulmer-Verlag, Stuttgart, 200 S.

HIELSCHER, M. (1989): Haltung und Nachzucht der Australischen Zwergbartagame *Pogona minima*. – elaphe, Schönow: 11(2): 20–24.

HONDA, M., H. OTA, M. KOBAYASHI1, J. NABHITABHATA, H.-S. YONG, S. SENGOKU, & T. HIKIDA (2000): Phylogenetic Relationships of the Family Agamidae (Reptilia: Iguania) Inferred from Mitochondrial DNA Sequences. – Zool. Science, Tokyo, 17: 527–537.

HÖRENBERG, T. (2006): Eine Rarität im Terrarium: Mitchells Bartagame. – TERRARIA 1(1): 36–43.

HOSER, R. (1997): *Pogona* – From an Australian Perspective. – Reptilian, High Wycombe, Bucks, 5(2): 27–41.

HOSER, R.T. (1989): Australian reptiles and frogs. – Pierson & Co., Sydney, 238 S.

– (1991): Observations of egg-laying by a Bearded Dragon (*Pogona barbata*) CUVIER. – AHS, Sydney, Spring 1991: 11.

– (1996): Reptiles encoutered collecting in Pilbara-Australia. – Reptilian, High Wycombe, Bucks, 4(2): 25–35.

– & R. VALENTIC (1996): Notes on a field trip to the lower Mornington Peninsula (Victoria, Australia) with comments on the wider significance of some observations. – Monitor – J. Vic. Herp. Soc., Ardeer, 7(2): 24–34.

HOUSTON, T. (1998): Dragon Lizards and Goannas of South Australia. – South Australian Museum, Adelaide, 88 S.

JACOBS, W. & M. RENNER (1998): Biologie und Ökologie der Insekten. – Gustav Fischer, Stuttgart, 678 S.

JACOBSON, E.R., D.E. GREEN, A.H. UNDEEN, M. CRANFIELD & K.L. VAUGHN (1998): Systemic microsporidiosis in inland bearded dragons (*Pogona vitticeps*). – J. Zoo. Wild., Media, 2 (3): 315–323.

–, W. KOPIT, F.A. KENNEDY & R.S. FUNK (1996): Coinfection of a bearded dragon, *Pogona vitticeps*, with adenovirus- and dependovirus-like viruses. – Vet. Path., Washington, 33(3): 343–346.

JAHN, J. (1980): Lebendfutter. – Albrecht Philler Verlag, Minden, 144 S.

JAROFKE, D. & J. LANGE (1993): Reptilien – Krankheiten und Haltung. – Verlag Paul Parey, Berlin, 188 S.

JENKINS, R. & R. BARTELL (1980): A field guide to reptiles of the Australian high country. – Inkata Press, Melbourne, 278 S.

JENNER, B. (1996): *Pogona barbata* on Kangaroo Island, S.A. – Herpetofauna, Sydney, 26(1): 28–30.

JOGER, U. (1991): A Molecular Phylogeny of Agamid Lizards. – Copeia, Washington, 1991(3): 616–622.

JOHN, W. (1968): Zwei Australier: *Amphibolurus barbatus* und *Egernia cunninghami*. – Aqua. Terr., Leipzig, 21: 185–186.

JOHNSTON, G.R. (1979): The eggs, incubation, and young of the Bearded Dragon *Amphibolurus vitticeps* AHL 1926. – Herpetofauna, Sydney, 11(1): 5–8.

JOHNSTON, S.D., S. ORGEIG, O.V. LOPATKO & C.B. DANIELS (2000): Development of the pulmonary surfactant system in two oviparous vertebrates. – Am. J. Physiol. Regulatory Integrative Comp. Physiol., Bethesda, 278: R486–R493.

JOHNSTONE, R.E. & C. JOHNSTONE (2003): Voyager Quarry Extension – Targeted Fauna Survey. – Biota, Mt Hawthorn, Jan. 2003, 32 S.

JONES, H.I. (1995a): Gastrointestinal nematodes of the frillneck lizard, *Chlamydosaurus kingii* (Agamidae), with particular reference to Skrjabinoptera goldmanae (Spirurida: Physalopteridae). – Aust. J. Zool., Melbourne, 42(3): 371–377.

– (1995b): Gastric Nematode Communities in Lizards from The Great Victoria Desert, and an Hypothesis for their Evolution. – Aust. J. Zool., Melbourne, 43: 141–164.

– (1995c): The functional anatomy of the anterior end of Skrjabinoptera goldmanae from Australian agamid lizards. – J. Helmin., Lawrence, 69(1): 33–37.

JULIAN, A.F. & P.J.K. DURHAM (1982): Adenoviral Hepatitis in a female bearded dragon (*Amphibolurus barbatus*). – NZ. Vet. J., Palmerston North, 30(5): 59–61.

JULIAN, S. & P. GÉRARD (1998): L'Élevage des Agames Barbus et des Uromastyx.– Phillipe Gérard Editions, Paris, 67 S.

JUST, F. (2003): Isolierung und Charakterisierung von Iridovieren. – Inaugural-Dissertation, Tierärztliche Fakultät, Ludwig-Maximillians-Universität, München, 69 S.

KABISCH, K. (1990): Wörterbuch der Herpetologie. – Gustav Fischer Verlag, Jena, 478 S.

KÄSTLE, W. (1973): Vollbart mit Hebelmechanik. Verhalten und Pflege der Bartagame. – Aquarien Mag., Bornheim, 7 (2): 58–61.

KENNERSON, K.J. & G.J. COCHRANE (1981): Avid appetite for Dandelion blossoms *Taraxarun officinal* by a Western Bearded Dragon *Amphibolurus vitticeps* AHL. – Herpetofauna, Sydney, 12(2): 34–35.

KIM, D.Y., M.A. MITCHELL, R.W. BAUER, R. POSTON & D.-Y. CHO (2002): An outbreak of adenoviral infection in inland bearded dragons (*Pogona vitticeps*) coinfected with dependovirus and coccidial protozoa (Isospora sp.). – J. Vet. Diagn. Invest., Lawrence, 14: 332–334.

KINGHORN, J.R. (1924): Reptiles and batrachians from south and south-west Australia. – Rec. Aust. Mus., Sydney, 14(3): 163–183.

– (1931): Herpetological notes. No. 2. – Rec. Aust. Mus., Sydney, 8(3): 85–91.

KLINGENBERG, R.J. (1993): Understanding reptile parasites. – Advanced Vivarium Systems, Lakeside, 81 S.

KLINGENBERG, R. (1998a): Common diseases of bearded dragons, Part 1: Parasites. – Vivarium, Escondido, 9(4): 19–22.

– (1998b): Common diseases of bearded dragons, Part 2: Nutritional disorders. – Vivarium, Escondido, 9(5): 48–50.

– (1998): Common diseases of bearded dragons, Part 3: Adenoviruses. – Vivarium, Escondido, 9(6): 31.

KNABE, J.-O. (2006): Impact Assement of Importing a Live Inland Bearded Dragon (*Pogona vitticeps*) into Australia as a Household Pet. – Dep. Env. Herit., Canberra, 27 S.

LAING C.J. & D.R. FRASERA (1999): The vitamin D system in iguanian lizards. – CBCPA, New York, B: 373–379.

KÖHLER, G. (1996): Krankheiten der Reptilien und Amphibien. – Ulmer-Verlag, Stuttgart, 168 S.

– (1997): Inkubation von Reptilieneiern. – Herpeton Verlag, Offenbach, 205 S.

–, K. GRIEßHAMMER & N. SCHUSTER (2003): Bartagamen: Biologie, Pflege, Zucht, Erkrankungen. – Herpeton, Offenbach, 190 S.

Kölle, P. (2002): Reptilienkrankheiten. – Franckh-Kosmos Verlag, Stuttgart, 122 S.

Köppen, W. & R. Geiger (Hrsg.) (1972): Handbuch der Klimatologie, Bd. 4–5, Teile R–X. – Klaus Reprint, Nendeln, 528 S.

Körber-Grohne, U. (1995): Nutzpflanzen in Deutschland. – Theiss Verlag, Stuttgart, 490 S.

Kohlmeyer, R. (2000): Verhalten und Interaktion meiner Bartagamen (*Pogona vitticeps*). – REPTILIA 5(5): 33–38.

– (2001a): *Pogona vitticeps*: Behavior and interactions of my captive bearded dragons. – REPTILIA (GB) 14: 23–28.

– (2001b): *Pogona vitticeps*: Comportamiento e interacciones de mis Dragones Barbudos en el terrario. – REPTILIA (E) 27: 23–28.

Kreutz, R. (2006): Bau und Betrieb eines Gewächshauses für die Haltung von Echsen. – DRACO 7(2): 79–83.

Kreuzer, J. (1998): Kreuzers Gartenpflanzen-Lexikon, Band 7: Gemüse, Kräuter und Kulturpilze. – B. Thalacker Verlag, Braunschweig, 270 S.

Kunz, K. (2001): Heiße Echsen. – DRACO 2(3): 94–95.

– (2005): „Haustier" Bartagame – schaden Streicheleinheiten? – DRACO 6(2): 94–96.

– (2007): Zwergbartagamen ganz groß. – TERRARIA 2(2): 98.

Laing, C.J., D.R. Fraser (1999): The vitamin D system in iguanian lizards. – CBCPA, B, New York: 373–379.

Lantermann, Y. & W. Lantermann (2007): Beobachtungen bei der Vermehrung von Bartagamen. – Datz, Stuttgart, 60(2): 38–42.

Lee, A.K. & J.A. Badham (1963): Body temperatue, activity, and behavior of the agamid lizard, *Amphibolurus barbatus*. – Copeia 1963: 387–394.

Lemberger, K.Y., A. Manharth & A.P. Pessier (2005): Multicentric Benign Peripheral Nerve Sheath Tumors in Two Related Bearded Dragons, *Pogona vitticeps*. – Vet. Path., Washington, 42: 507–510.

Lengsfeld, E. (1995): Beleuchtung im Terrarium. – elaphe (N.F.), Rheinbach, 3(2): 61–67.

Licht, P., W.R. Dawson & V.H. Shoemaker (1966a): Observations on the thermal relations of Western Australian lizards. – Copeia 1966: 97–110.

–, – & – (1966b): Heat resistance of some Australian lizards. – Copeia 1966: 162–169.

Love, B. (2000): Bartagamenfieber. – REPTILIA 5(5): 39–42.

Loveridge, A. (1932): New lizards of the genera *Nephrurus* and *Amphibolurus* from Western Australia. – Proc. New England Zoo. Club, Cambridge, 13: 31–34.

– (1933): New agamid lizards of the genera *Amphibolurus* and *Physignatus* from Australia. – Proc. New England Zoo. Club, Cambridge, 13: 69–72.

– (1934): Australian Reptiles in the Museum of Comperative Zoology, Cambridge, Massachusetts. – Bull. Mus. Comp. Zool., Cambridge, 77(6): 243–383.

Lutzmann, N., P. Fritz & J. Wiechert (2008): Eine außergewöhnliche Anomalie bei einer weiblichen Bartagame, *Pogona vitticeps* (Ahl, 1926) (Sauria: Agamidae). – Sauria, Berlin, 30(2): 47–49.

Mabberley, D.J. (1987): The plant-book. – Cambridge University Press, Cambridge, 706 S.

Maccey, R.J., J.A. Schulte II; A. Larson, N.B. Ananjeva, Y. Wang, R. Pethiyogoda, N. Rastegar-Pouyani & T.J. Papenfuss (2000): Evaluating trans-tethys migration: An example using acrodont lizard phylogenetics. – Syst. Biol., Levittown, 49(2): 233–256.

Maclean, S. (1980) Ultrastructure of epidermal sensory receptors in *Amphibolurus barbatus* (Lacertilia: Agamidae). – Cell Tissue Research, Berlin, 210(3): 435–445.

MacMillen, R.E., M.L. Augee & B.A. Ellis (1989): Thermal ecology and diet of some xerophilous lizards from western New South Wales. – J. arid enviroments, London, 16(2): 193–201.

Mac Nally, R. & G.W. Brown (2001): Reptiles and habitat fragmentation in the box-ironbark forests of central Victoria, Australia: predictions, compositional change and faunal nestedness. – Oecologia, Berlin, 128(1): 116–125.

Mader, D.R. (1996): Reptile medicine and surgery. – W. B. Saunders, Philadelphia, 512 S.

Mailloux, R. (1997): The future of bearded dragons. – Vivarium, Escondido, 9(1): 49.

Mangel, M. & J. Stamps (2001): Trade-offs between growth and mortality and the maintenance of individual variation in growth. – Evolutionary Ecology Research, E. Edgemont St., 3: 583–593.

Manley, G.A. (1990): Peripheral Hearing Mechanisms in Reptiles and Birds. – Zoophysiology, v. 26, Springer-Verlag, Berlin, 288 S.

Mantell, P. (2000): How much can a bearded bare: multiple clutches in a Central Bearded Dragon (*Pogona vitticeps*). – Monitor: J. Vic. Herp. Soc. Inc., Ardeer, 11(1): 18–19.

Manthey, U. & N. Schuster (1992): Agamen. – Herpetologischer Fachverlag, Münster, 120 S.

Maryan, B. (1993): Herpetofauna of an urban area near Perth, Western Australia. – West. Aust. Nat., 19(2): 174–183.

MATTHEWS, M. (1995): Rearing the inland bearded dragon (*Pogona vitticeps*). –Forked Tong., Cincinnati, 20(11): 3–4.

– (1996): Rearing the inland bearded dragon (*Pogona vitticeps*). – Herpwise: Dayton Herp. Soc., Dayton, 14(2): 2.

MAU, K.G. (2003): Grüne Borstenhirse. – GW, Stuttgart, 127(7): 208.

MAZORLIG, T. (1999): Bearded Dragon. – Advanced Vivarium Systems, Lakeside, 64 S.

MAZORLIG, T.A. (1998): Experiences Breeding Bearded Dragons. – Reptile Hobbyist, Neptune City, 2: 10–16.

MC ALLISTER, C.T., S.J. UPTON, E.R. JACOBSON & W. KOPIT (1995): A desrciption of *Isopora amphibolori* (Apicomplexa: Eimeriidae) from the Inland Bearded Dragon, *Pogona vitticeps* (Sauria: Agamidae). – J. Paras., Lancaster, 81(2): 281.

MCALPIN, S. (1995): Notes on the Central Bearded Dragon *Pogona vitticeps* in Central Australia. – Monitor: J. Vic. Herp. Soc. Inc., Ardeer, 6(3): 111–115.

MCCOY, F. (1840): Natural History of Victoria. Prodromus of the Zoology of Victoria; or figures and descripions of the living species of all classes of the Victorian indigenous animals. Vol. II (Decades XI. to XX). – Robt. S. Brain, Government Printer, Melbourne: 78–81.

MCCRACKEN, H. & C.A. BIRCH (1992): Periodontal Disease In Lizards – A Review Of Numerous Cases. – S. 108–115 in: JUNGE, R.E. (Hrsg.): Proceedings of the American Association of Zoo Veterinarians and Association of Reptilian and Amphibian Veterinarians Annual Conference. – Oakland, USA, October 22–27, 1992.

MC PHEE, D.R. (1979): The observer's book of snakes and lizards of Australia. – Methuen, Sydney, 157 S.

MELVILLE, J. & J.A. SCHULTE (2001): Correlates of active body temperatures and microhabitat occupation in nine species of central Australian agamid lizards. – Aust. J. Ecol., Oxford, 26: 660–669.

–, L.J. HARMON & J.B. LOSOS (2006): Intercontinental community convergence of ecology and morphology in desert lizards. – Proc. R. Soc., London, B. 273: 557–563.

MEREDITH, J. & C. CANN (1952): Reptiles of the Central Tablelands. – Wild Life, Brisbane, 15(3): 223–229.

MERTENS, R. (1946): Die Warn- und Droh-Reaktionen der Reptilien. – Abh. Senckenb. Naturf. Gesell., Frankfurt, Bd. 471, 108 S.

MESSONNIER, S.P. (1996): Common reptile diseases and treatment. – Blackwell Science, Cambridge, 174 S.

METZGER, K.A. & A. HERREL (2005): Correlations between lizard cranial shape and diet: a quantitative, phylogenetically informed analysis. – Biol. J. Linnean Soc., London, 86(4): 433.

MEYERS, J.J. & A. HERREL (2005): Prey capture kinematics of ant-eating lizards. – J. Exp. Biol., Cambridge, 208: 113–127.

MICHELSEN, J. (1998): Skægagam, *Pogona vitticeps* – pleje og opdræt af orange variant. – Nord. Herp. Forening, Farum, 41(2): 26–39.

MILLER, J. (2003): The Bearded Dragon. – The Rosen Publishing Group, New York, 24 S.

MEYER, M. (2003): Artgerechte Ernährung von Landschildkröten. – Datz, Stuttgart, 56(6): 60–64.

MONTALI, R.J., E.E. SMITH, M. DAVENPORT & M. BUSH (1975): Dermatophilosis in Australian Bearded Lizards. – Journal Am. vet. med. Ass., 16 (7): 553–555.

MOORE, G. (1997): The Inland Bearded Dragon. – Reptilian, Hazlemere, 5(2): 42–50.

MÜLLER, H.D. (1995): Eine australische Bartagame. – Datz, Stuttgart, 48(12): 779–781.

– (1999): *Pogona vitticeps* Bartagame. – REPTILIA 4(3): 47–50.

MÜLLER, M.J. (1996): Handbuch ausgewählter Klimastationen der Erde. – Metersdorf (Universität Trier Forschungsstelle Bodenerosion), 400 S.

MÜLLER, P.M. (2002): Die Bartagame: Pflege und Zucht. – Kirschner & Seufer Verlag, Keltern-Weiler, 78 S.

– (2003): Anmerkungen zum Eigengewicht von Terrarien und zu den Auswirkungen auf die Deckenstatik. – Sauria, Berlin, 25(3): 21–23.

– (2005a): Bartagamen – die Gattung *Pogona* (STORR, 1982). – DRACO 6(2): 4–19.

– (2005b): Die Gewichtsbestimmung von Terrarien. – REPTILIA 10(4): 28–33; Beilage

– (2007): *Pogona brevicauda* AHRET, 2005 [Ein ironischer Nachruf auf die großen Exemplare von *Pogona vitticeps* (AHL, 1926)]. – REPTILIA 12(4): 3–4.

– & R. KOHLMEYER (2005): Bartagamen-FAQ (Frequently Asked Questions). – DRACO 6(2): 28–37.

MÜLLER, V. (2005): Ihr Hobby Bartagamen. – bede, Ruthmannsfelden, 96 S.

NEUGEBAUER, W. (1972): Geglückte Aufzucht von Bartagamen in der Stuttgarter Wilhelma. – Datz, Stuttgart, 25(12): 424–426.

NIETZKE, G. (1989): Die Terrarientiere, Band 1. – Ulmer-Verlag, Stuttgart, 276 S.

– (1998): Die Terrarientiere, Band 2. – Ulmer-Verlag, Stuttgart, 366 S.

NIKOLOV, H. (1996): Dictionary of plant names in Latin, German, English and French. – J. Cramer, Stuttgart, 926 S.

NINOX WILDLIVE CONSULTING (2005): Veterate Fauna Survey. Coburn Mineral Sand Project. – Ninox Wildlive Consulting, 76 S.

OLIVER, B. (1998): Predation on a *Pogona* sp. by *Pseudonaja textilis*. – Herpetofauna, Sydney, 28(1): 54–55.

OLMO, E. (1990): Cytogenetics of Amphibians and Reptiles. – Birkhäuser Verlag, Basel, 270 S.

ORD, T.J., D.T. BLUMSTEIN & C.S. EVANS (2001): Intrasexual selection predicts the evolution of signal complexity in lizards. – Proc. R. Soc. Lond., London, B 268: 737–744.

–, – & – (2002): Ecology and signal evolution in lizards. – Biol. J. Linnean Soc., London, 77: 127–148.

OSBORNE, L. & M.B. THOMPSON (2005): Chemical Composition and Structure of the Eggshell of Three Oviparous Lizards. – Copeia 2005(3): 683–692.

PACKARD, M.J. (1994): Patterns of mobilization and deposition of calcium in embryos of oviparous, amniotic vertebrates. – Is. J. Zoo., Jerusalem, 40(3–4): 481–492.

– & V.G. DEMARCO (1991): Eggshell structure and formation in eggs of oviparous reptiles. – S. 53–69 in DEEMING, D.C. & M.W.J. FERGUSON (Hrsg.): Egg incubation: ist effects on embryonic development in birds and reptiles.

–, K.F. HIRSCH, G.C. PACKARD, J.D. MILLER & M.E. JONES (1991): Structure of shells from eggs of the Australian lizard *Amphibolurus barbatus*. – Can. J. Zool., Ottawa, 69: 303–310.

–, G.C. PACKARD, J.D. MILLER, M.E. JONES & W.H.N. GUTZKE (1985): Calcium mobilization, water balance, and growth in embryos of the agamid lizard *Amphibolurus barbatus*. – J. Exp. Zool., New York, 235: 349–357.

PALIKA, L. (2000): Your bearded dragon's life: your complete guide to caring for your pet at every stage of life. – Prima Publishing, Rosville, 294 S.

– (2003): Leben mit Bartagamen. – Natur und Tier - Verlag, Münster, 206 S.

PARKER, S. (1998): Successful treatment of paralysis in a Central Bearded Dragon (*Pogona vitticeps*). – Monitor: J. Vic. Herp. Soc. Inc., Ardeer, 10(1): 37–38.

PARMENTER, C.J. & H. HEATWOLE (1975): Panting thresholds of lizards. The effect of dehydration on the panting threshold of *Amphibolurus barbatus* and *Amphibolurus muricatus*. – Journal of Experimental Zoology, New York, 191(3): 327–332.

PEARSON D., R. SHINE & R. HOW (2002): Sex-specific niche partitioning and sexual size dimorphism in Australian pythons (*Morelia spilota imbricata*). – Biol. J. Linnean Soc., London, 77(1): 113–125.

PETERS, W.C.H. (1866): Über neue Amphibien (*Amphibolurus, Lygosoma, Cyclodus, Masticophis, Crotaphopeltis*) und Fische (*Diagramma, Hapalogenys*) des Kgl. zoologischen Museums. – Monatsber. königl. Akad. Wiss. Berlin, Berlin, 1866 (Februar): 86–96.

PETERS, U. (1971): Herpetologische Skizzen von einer Exkursion ins „Rote Zentrum" New South Wales. – Aqua. Terr., Leipzig, 8: 138–140.

– (1972): Agamen im mittleren Neusüdwales. – Datz, Stuttgart, 25(9): 320–321.

– (1986): Wir stellen vor: Agamen aus Australien. – Das Aquarium, Bornheim, 9(207): 489–495.

PETHER, J. (1996): Bartagamen. – REPTILIA 1(1): 14–16.

– (1996a): Dragones Barbudos. – REPTILIA (E) 2(3): 47–50.

– (1997): Captive Breeding. – Reptilian, High Wycombe, Bucks, 5(2): 54–57.

PFLUGMACHER, S. (1984): Haltung und Zucht der Australischen Bartagame *Amphibolurus vitticeps*. – Sauria, Berlin, 6(3): 9–11.

– (1986): Bemerkungen über die Paarung und Zucht von *Amphibolurus vitticeps*. – herpetofauna, Weinstadt, 8(45): 31-34.

PIANKA, E.R. (1986): Ecology and nature history of desert lizards. Analyses of the ecological niche and community structure. – Princeton Univ. Press, Princeton, 208 S.

– (2003): Die Warane der australischen Wüsten. – REPTILIA 8(5): 29–35.

– (2005): Zur Ökologie und Naturgeschichte der Zwergbartagame (*Pogona minor*) in der Great Victoria Desert (Australien). – DRACO 6(2): 63–66.

– & H.D. PIANKA (1970): The ecology of *Moloch horridus* (Lacertilia: Agamidae) in Western Australia. – Copeia 1970(1): 90–103.

PICKWORTH, B. (1981): Observation of behaviour patterns displayed by a pair of Bearded Dragons, *Amphibolurus barbatus* CUVIER. – Herpetofauna, Sydney, 12(2): 13–15.

PINTAVALLI, N. (1994): The captive maintenance of propogation of *Pogona vitticeps*, inland bearded dragon. – S. 27–34 in CHAN, S.D. (Hrsg.). Proccedings of the 20th national conference of the American Association of Zoo Keepers, Inc., Atlanta, Gorgia, October 10–14, 1993. American Association of Zoo Keepers, Topeka, USA.

PORTOR, R. (1991): Unusal basking behavior in captive Bearded Dragons (*Pogona barbata*). – Herpetofauna, Sydney, 21(2): 31.

PRESIDENT, AUSTRALIAN SOCIETY OF HERPETOLOGISTS (1987): Case 2531. The works by RICHARD W. WELLS and C. ROSS WELLINGTON: proposed suppession for nomenclatural purposes. – BZONA, London, 44(2): 116–121.

PROCTER, J.B. (1923): On new and rare reptiles and batrachian from the Australian Region. – Proc. Zool. Soc. London, London, 1923 (December): 1069–1077.

PURSER, P. (2006): Bearded Dragons: a complete guide to *Pogona vitticeps*. – T.F.H. Publications, Neptune City, 128 S.

QUINN, A.E., A. GEORGES, S.D. SARRE, F. GUARINO, T. EZAZ, J.A.M. GRAVES (2007): Temperature Sex Reversal Implies Sex Gene Dosage in a Reptile. – Science, Washington, 316: 411–416.

RAFTERY, A. (2002): Pet Owner's Guide to the Bearded Dragon. – Ringpress Books, Lydney, 80 S.

RANKIN, P. (1977): Burrow plugging in the Netted Dragon *Amphibolurus nuchalis* with reports on the occurence in three other Australian Agamids. – Herpetofauna, Sydney, 9(1): 18–23.

RAUH, J. (2000): Grundlagen der Reptilienhaltung. – Natur und Tier - Verlag, Münster, 215 S.

READ, J.L. (1992): Influence of habitats, climate, grazing and mining on terrestrial vertebrates at Olympic Dam, South Australia. – The Rangeland Journal, Collingwood, 14(2): 143–156.

REPASHY, A. (2006): Bearded Dragons in Captivity. – ECO, Lansing, 79 S.

ROBERTS, D.T. & W.H. GEHRMANN (1990): Light quality and growth in the bearded lizard, *Amphibolurus*: a preliminary study. – Bull. Chi. Herp. Soc., Chicago, 25(6): 101–103.

ROBINSON, A.C., K.D. CASPERSON & M.N. HUTCHINSON (Ed.) (2000): A List of the Vetebrates of South Australia. – Department for Enviroment and Heritage, Adelaide, 146 S.

RÖDDER, D. (2006): *Tarentola annularis* (GEOFFROY SAINT-HILAIRE, 1809) – Haltung und Zucht. – elaphe (N.F.), Rheinbach, 14(2): 34–38.

RÖKMAN, M. (1999): Parta-agamat *Pogona* STORR, 1982 [Bearded Dragons, *Pogona* STORR, 1982]. – Herpetomania, Helsinki, 8 (5–6): 13–21.

ROGNER, M. (1992): Echsen 1. – Ulmer-Verlag, Stuttgart, 281 S.

– (2005): Echsen. – Ulmer, Stuttgart, 236 S.

ROSE, A.B. (1974): Gut contents of some amphibians & reptiles. – Herpetofauna, Sydney, 7(1): 4–8.

ROTH, L. (Hrsg.) (2000): Giftpflanzen – Pflanzengifte. – ecomed, Landsberg/Lech, 1092 S.

ROTHENHÖFER, P. (2000): Die Bartagame. – Datz, Stuttgart, 53(10): 12–17.

RÜSCHOFF, B. & B. CHRISTIAN (2007): Reptilienpraxis. – Herpeton, Offenbach, 297 S.

RUF, D. (2005): Erfahrungen bei der Pflege und Vermehrung von Lawsons Zwergbartagame (*Pogona henrylawsoni* WELLS & WELLINGTON, 1985). – DRACO 6(2): 55–62.

RYBAK, M. (1996): Vittikins Dragons. – Vivarium, Escondido, 7(6): 26.

SAUER, K. (1989): Richtige Aquarien- und Terrarienbeleuchtung. – Engelbert Pfriem Verlag, Wuppertal, 172 S.

SAVILLE-KENT, W. (1897): The naturalist in Australia. – Chapman & Hall, London, 302 S.

SCHAERLAEKEN, V., J.J. MEYERS & A. HERREL (2007): Modulation of prey capture kinematics and the role of lingual sensory feedback in the lizard *Pogona vitticeps*. – ZOLGEA, Amsterdam: 127–138

SCHÄUBLE, C.S. & G.C. GRIGG (1998): Thermal ecology of the Australian agamid *Pogona barbata*. – Oecologia, Berlin, 114(4): 461–470.

SCHAFER, S. (1979): Beards and Blue-Tongues. – ZONOA, Washington, 52(4): 14.

SCHELLER, L. (2007): The magic of a dragoon. – Reptiles, anual, Mission Viejo, 2007: 6–16.

SCHERZ, H. & F. SENSER (2000): Food Composition and Nutrition Tabels. – medapharm, Stuttgart, 1182 S.

SCHILDGER, B.-J. & T. GÖBEL (1989): Therapy of bacterial infections in reptiles using the new gyrase inhibitor Baytril (BAY VP 2674). – Herpetopathologia, College Park, 1(2): 77–80.

SCHLEICH, H.H. & W. KÄSTLE (1988): Reptile Egg-Shells SEM Atlas. – Gustav Fischer Verlag, Stuttgart, 123 S.

SCHLESINGER, C.A., J.C. NOBLE & T. WEIR (1997): Fire Studies in Mallee (*Eucalyptus* spp.) Communities of Western New South Wales: Reptile and Beetle Populations in Sites of Differing Fire History. – The Rangeland Journal, Collingwood, 19(2): 190–205.

SCHMIDA, G. (1968): Erlebnisse mit Bartagamen (*Amphibolurus barbatus*). – Datz, Stuttgart, 21(7): 27–30.

– (1985): The Cold-blooded Australians. – Doubleday, Sydney, 208 S.

– (2005a): Betrachtungen zu ostaustralischen Bartagamen. – DRACO 6(2): 47–54.

– (2005b): Die australischen Warane. – Datz, Stuttgart, 58(2): 6–11.

SCHMIDT, H. (2003): Terrarienpflanzen. – Ulmer-Verlag, Stuttgart, 284 S.

SCHUSTER, N. (2005): Haltung und Vermehrung von Mitchells Bartagame, *Pogona mitchelli* (BADHAM, 1976). – DRACO 6(2): 67–73.

SCHUSTER, U. & N. SCHUSTER (2006): Langschläfer. – Iguana, Rheinbach, 19(2): 11.

SCHWENK, K. & G.P. WAGNER (2001): Function and the Evolution of Phenotypic Stability: Connecting Pattern to Process. – Am. Zool., Lawrence, 41: 552–563.

SEEBACHER, F. (2000): Heat Transfer in a Microvascular Network: the Effect of Heart Rate on Heating and Cooling in Reptiles (*Pogona barbata* and *Varanus varius*). – J. theor. Biol., London, 203: 97–109.

– & C.E. FRANKLIN (2001): Control of Heart rate during thermoregulation in the heliothermic lizard *Pogona barbata*: importance of cholinergic and adrenergic mechanisms. – J. Exp. Biol., Cambridge, 204: 4361–4366.

SEXTON, O.J., J.E. BRAMNLE, I.L. HEISLER, C.A. PHILLIPS & D.L. COX (2005): Eggshell Composition of Squamate Reptiles: Relationship Between Eggshell Permeability and Amino Acid Distribution. – J. Chem. Ecol., Dodrecht, 31(10): 2391–2401.

SHEA, G.M. (1995): The holotype and additional records of *Pogona henrylawsoni* WELLS and WELLINGTON, 1985. – Memoirs of the Queensland Museum, Brisbane, 38(2): 574–609.

– (2000): An overlooked senior synonym of *Pogona barbata* (CUVIER, 1829) (Squamanta: *Agamidae*). – Amphib. Reptilia, Leiden, 22: 124–127.

SHERRIFF, D. (1989): The Inland Bearded Dragon, *Pogona vitticeps* and its Maintenance and Breeding in Captivity. – in COOTE, J. (Hrsg.): Proceedings of the 1988 U.K. Herpetological Societies Symposium on captive breeding. – British Herpetological Society, London, 107 S.

SHIAU, T.-W., P.-C. HOU, S.-H. WU & M.-C. TU (2006): A Survey on Alien Pet Reptiles in Taiwan. – Taiwania, National Taiwan University, Taipei, 51(2): 71–80.

SHINE, R. (1980): Constraints, Allometry, and Adaptation: Food Habits and reproductive Biology of Australian Brownsnakes (*Pseudonaja elapidae*). – HPTGA, Chicago, 45(2): 195–207.

– & J. KOENIG (2001): Snakes in the garden: an analysis of reptiles „rescued“ by community-based wildlife carers. – Biol. Conserv., Barking, 102: 271–283.

SILBEREISEN, R., G. GÖTZ & W. HARTMANN (1996): Obstsorten-Atlas. Kernobst, Steinobst, Beerenobst, Schalenobst. – Ulmer-Verlag, Stuttgart, 420 S.

SIMMONS, G.C., N.D. SULLIVAN & P.E. GREEN (1972): Dermatophilosis in a lizard (*Amphibolurus barbatus*). – Aust. Vet. J., Sydney, 48: 465–466.

SINN, A.D. (2004): Pathologie der Reptilien, eine retrospektive Studie. – Inaugural-Dissertation, Ludwig-Maximilian – Universität, München, 160 S.

SLAVENS, F.L. & K. SLAVENS (1992): Reptiles and Amphibians in Captivity: Breeding – Longevity and Inventory. – Woodland Park Zool. Gardens, Seattle, 497 S.

SIMPSON, K.N.G. (1973): Amphibians, reptiles and mammals of the Murray River Region between Mildura and Renmark, Australia. – Mem. Nat. Mus. Vic., Melbourne, 34: 275–279.

SMITH, B. & B. SMITH (1993): Notes on the nest of a bearded dragon *Pogona minor*. – West. Aust. Nat., Perth, 19(3): 266.

SMITH, J. (1974): Hatchling bearded dragons eggs. – South Aust. Herp., Adelaide, 2(1): 10.

– (1984): Hatching bearded dragon eggs. – South Aust. Herp. Group Newsletter, Adelaide, 1984 (November): 13.

– & T.D. SCHWANER (1981): Notes on reproduction by captive *Amphibolurus nullabor* (Sauria: Agamidae). – Trans. Royal Soc. South Aust., North Terrance, 105: 215–216.

SMITH, K.K. (1988): Form and function of the tongue in agamid lizards with comments on its phylogenetic significance. – J. Morph., New York, 196(2): 157–171.

SMITH, L.A. (1976): The Reptiles of Barrow Island. – West. Aust. Nat., Perth, 13(6): 125–136.

SOMMELLA, T. (2003): Beardie Basics. – Reptiles, Burroughs Irvine, 11(2): 34–43.

SPIESS, P. (2001): Five Great Reptiles For Kids. – Reptiles USA Annual, Mission Viejo: 14–20.

SPRACKLAND, R.G. (1994): Australia's Bearded Dragons. – Reptiles, Burroughs Irvine, 1(6): 44–53.

– (2003): On Bearded Dragons' Turf. – Reptiles, Burroughs Irvine, 11(2): 44–46.

SPRENKELS, A.J.H. (1990): *Amphibolurus barbatus/Pogona vitticeps* (WAGLER 1830) (Australische Baardagame). – Xenopus, Lacerta Werkgroep Midden- en West-Barbant, 4(24): 111–116.

STAHL, S.J. (1999a): Bearded Dragon, *Pogona vitticeps*, care. – Bull. Ass. Rept. Amph. Vet., Chester Heights, 9(4): 18–19.

– (1999b): General husbandry and captive propagation of bearded dragons, *Pogona vitticeps*. – Bull. Ass. Rept. Amph. Vet., Chester Heights, 9(4): 12–17.

STANÊK, V.J. (1959): Die Drachensippschaft. – Artia-Verlag, Prag, 80 S.

STARRS, A.P., S. ORGEIG, C.B. DANIELS, M. DAVIES & O.V. LOPATKO (2001): Antioxidant enzymes in the developing lungs of egg-laying and metamorphosing vertebrates. – J. Exp. Biol., Cambridge, 204: 3973–3981.

STERNFELD, R. (1919): Neue Schlangen und Echsen aus Zentralaustralien. – Senckenbergiana, Frankfurt/M., 1: 76–83.

STETTLER, P.H. (1986): Handbuch der Terrarienkunde. – Kosmos-Verlag, Stuttgart, 228 S.

STORR, G.M. (1965): The Physiography, Vegetation and Vertebrate Fauna of the Wallabi Group, Houman Abrohols. – J. Roy. Soc. West. Aust., Perth, 48: 1–14.

– (1982): Revision of the Bearded Dragons (Lacertilia: Agamidae) of Western Australia with notes on the Dismemberment of the genus *Amphibolurus*. – Rec. West. Aust. Mus., Perth, 10(2): 199–214.

–, L.A. SMITH & R.E. JOHNSTON (1983): Lizards of Western Australia, Vol. II, Dragons and Monitors. – West. Aust. Mus., Perth, 113 S.

STÖSSEL, T. (1993): *Pogona barbata* (CUVIER). – Sauria, Suppl., Berlin, 15(1–4): 257–260.

STUART-FOX, D. & I.P.F. OWENS (2003): Species richness in agamid lizards: chance, body size, sexual selection or ecology? – J. Evol. Biol., Oxford, 16: 659–669.

– & T.J. ORD (2004): Sexual selection, natural selection and the evolution of dimorphic coloration and ornamentation in agamid lizards. – Proc. R. Soc. London, London,. B 271(1554): 2249–2255.

SUEDMEYER, W.K. & J.R. TURK (1996): Monocytic Leukemia with Tissue Metastases in a bearded dragon, *Pogona vitticeps*. – Bull. Assoc. Rept. Amph. Vet., 6(4): 10–12.

SULLIVAN, L.C., S. ORGEIG & C.B. DANIELS (2002): Regulation of pulmonary surfactant secretion in the developing lizard, *Pogona vitticeps*. – CBCPA, New York, 133(3): 539–546.

SWAN, G. (1990): A field guide to the snakes and lizards of New South Wales. – Three Sisters Productions, Winmalee, 224 S.

– (1995): A Photographic Guide to the Snakes & other Reptiles of Australia. – New Holland Publishers, Sydney, 144 S:

– & R. FOSTER (2005): The reptiles and amphibians of Mutawintji National Park, Western New South Wales. – Aust. Zool., Mosman, 33(1): 39–48.

SWANSON, A. (1997): Two bodied Bearded Dragon. – Reptiles, Burroughs Irvine, 5(4): 8.

SWANSON, S. (1976): Lizards of Australia. – Angus and Robertson, Sydney, 80 S.

TATTERSALL, G.J. & R.M. GERLACH (2005): Hypoxia progressively lowers thermal gaping threholds in bearded dragons, *Pogona vitticeps*. – J. Exp. Biol., Cambridge, 208: 1–10.

TAYLOR, B.D. & R.L. GOLDINGAY (2004): Wildlife roadkills on three major roads in north-eastern New South Wales. – Wildlife Reserch, Collingwood, 31: 83–91.

TERELL, P., V. SCHNORR, W.V.A. MORRIS & R. BREITSPRECHER (1991): Collins German Dictionary. – Harper Collins, Glasgow, 1702 S.

THOMPSON, G.G. & P.C. WITHERS (2005a): Size-free shape differences between male and female Western Australian dragon lizards (Agamidae). – Amphib. Reptilia, Leiden, 26: 55–63.

– & – (2005b): Shape of Western Australian dragon lizards (Agamidae). – Amphib. Reptilia, Leiden, 26: 75–85.

THOMPSON, M.B., J.R. STEWART, B.K. SEAKE, M.J. HOSIE & C.R. MURPHY (2002): Evolution of viviparit: what can Australian lizards tell us? – CBCPA, New York, 131B: 631–643.

THOMPSON, S.A. & G.G. THOMPSON (2003): The western bearded dragon, *Pogona minor* (Squamata: Agamidae): An early lizard coloniser of rehabilitated areas. – J. Royal Soc. West. Australia , Perth, 86: 1–6.

THORN, M. (1995): Dragons from Down Under. – League Fl. Herp. Soc., Estero, 1995 (August): 14–16.

TREMPER, R. (2001): An Introduction to Bearded Dragons. – Reptiles USA Annual, Mission Viejo: 70–71.

THROCKMORTON, G.S. & L.K. CLARKE (1981): Intracranial joint movements in the agamid lizard *Amphibolurus barbatus*. – J. Exp. Zool., New York, USA, 216: 25–35.

–, J. DE BAVAY, W. CHAFFAY, B. MERROTSKY, S. NOSKE & R. NOSKE (1985): The mechanism of frill erection in the bearded dragon *Amphibolurus barbatus* with comments on the jacky lizard *A. muricatus* (Agamidae). – J. Morph., New York, 183: 285–292.

TURNER G. & R.A. VALENTIC (1998): Notes on the occurrence and habits of *Pogona brevis*. – Herpetofauna, Sydney, 28(1): 12–18.

UNDERWOOD, E. (1997): Inland Bearded Dragon. – The Cold Blooded News, Denuo, 24(3): 3.

VAL J., E. FOSTER & M. LE BRETON (2001): Biodiversity Survey Of The Lower Murray Darling. Report for Natural Heritage Trust, Environment Australia – Department of Land and Water Conservation, Buronga, 260 S.

VALENTIC, R. (1993): The big desert wilderness: A field excursion. – Monitor: J. Vic. Herp. Soc. Inc., Ardeer, 5(2): 59–64.

– (1995): Further instances of nocuturnal activity in agamids and varanids. – Herpetofauna, Sydney, 25(1): 49–50.

VALENZUELA, N. (Hrsg.) (2004): Temperature-dependent sex determination in vertebrates. – Smithsonian books, Washington, 304 S.

VAN STEIJN, N.P. (1989a): De verzorging en kweek van de Australische baardagame (*Pogona vitticeps*). – Lacerta, Leiden, 47(5): 140–146.

– (1989b): Pflege und Nachzucht australischer Bartagamen. – Datz, Stuttgart, 42(11): 668–671.

– (1989c): The care and raising of *Pogona vitticeps*. – Lacerta, Leiden, 47(5): 140–146.

VIETS, B.E., M.A. EWERT, L.G. TALENT & C.E. NELSON (1994): Sex-Determining Mechanisms in Squamante Reptiles. – J. Exp. Zool., New York, 270: 45–56.

VLECK, C.M. & D.F. HOYT (1991): Metabolism and energetics of reptilian and avian embryos. – S. 285–306 in: DEEMING, D.C. & M.W.J. FERGUSON (Hrsg): Egg incubation: ist effects on embryonic development in birds and reptiles.

VLECK, D. (1991): Water economy and solute regulation of reptilian and avian embryos. – S. 245–259 in: DEEMING, D. C. & M. W. J. FERGUSON (Hrsg.): Egg incubation: its effects on embryonic development in birds and reptiles.

WAITE, E.R. (1929): The Reptiles and Amphibians of South Australia. – Government Printer, Adelaide, 282 S.

WARBURG, M.R. (1965a): The influence of ambient temperature and humidity on the body temperatue on water loss from two Australian lizards, *Tiliqua rugosa* (GRAY) (Scincidae) and *Amphibolorus barbata* CUVIER (Agamidae). – Aust. J. Zool., Melbourne, 13: 331.

– (1965b): Studies on the environmental physiology of some Australian lizards from arid and semi-arid habitats. – Aust. J. Zool., Melbourne, 13: 563–575.

WEBB, G.J., C.R. JOHNSON & B.T. FIRTH (1972): Head-Body Temperature Differences in Lizards. – PHZOA, Chicago, 45: 130–142.

WEIGEL, J. (1995): Care of Australian Reptilies in Captivity. – Reptile Keepers Association, Grosford, 144 S.

WEINMANN, N. (2007): Übertragung eines Iridovirus aus einem Helmchamäleon (*Chamaeleo hoehnelii*) auf Grillen der Spezies *Gryllus bimaculatus* und Versuch zur Infektion von Bartagamen (*Pogona vitticeps*) mit Iridovirus-infezierten Grillen. – Inaugural-Dissertation, Institut für Umwelt- und Tierhygiene der Universität Hohenheim, 163 S.

WEIS, P. (1994): Care of the Australian bearded dragon (*Pogona vitticeps*). – Desert Monitor, Phoenix, 25(1): 11–13.

WEIS, P. (1995): The care of the Australian bearded dragon, *Pogona vitticeps*. – Scottish Herp. Soc. Newsletter, Edinburgh, 1995 (June): 1–4.

– (1997): The care of the Australian bearded ragon, *Pogona vitticeps*. – East Texas Herp. Soc. Newsletter, Gainesville, 9(5): 24–27.

– & P. WEIS (1994): Breeding Bearded Dragons. – Reptiles, Mission Viejo, 6 (August): 54–55.

– & – (1995): Bearded dragons as pets. – Reptiles Annual, Mission Viejo, 1995: 22–30.

– & – (1998): Advances in the Breeding and Husbandry of Bearded Dragons. – Reptiles, Mission Viejo, April 1998: 10–19.

WELLEHAN, J.F.X., A.J. JOHNSON, B. HARRACH, M. BENKÖ, A.P. PESSIER, C.M. JOHNSON, M.M. GARNER, A. CHILDRESS & E.R. JACOBSON (2004): Detection and Analysis of Six Adenoviruses by Consensus Primer PCR Provides Further Evidence of a Reptilian Origin for the Atadenoviruses. – J. Virol., Washington, 78(23): 13366–13369.

WELLINGTON, B.D. & J. DELL. (1989): Reptiles and Amphibians of the Darling Scape near Perth. – West. Aust. Nat., Perth, 17(8): 226–228.

WELLS, R.W. (1971): Hibernation – Bearded Dragons. – Herpetofauna, Sydney, 3(1): 4–6.

– & C.R. WELLINGTON (1983): A synopsis of the Class Reptilia in Australia. – Aust. J. Herp., Sydney, 1(3–4): 73–129.

– & – (1985): A classification of the Amphibia and Reptilia of Australia. – Aust. J. Herp. Suppl. Ser., Sydney, 1: 1–61.

WENTZ, D.S. (2004): Adenovirus in Bearded Dragons (*Pogona vitticeps*). – T.A.R.A.S., Bull., Alberta, 17(1): 10–11.

WERNER, E. (1910): Reptilia, Geckonidae und Scincidae. – S. 451-493 in MICHAELSON, W. & R. HARTMEYER (Hrsg.): Die Fauna Südwest-Australiens. Ergebnisse der Hamburger Südwestaustralischen Forschungsreise 1905. – Gustav Fischer, Jena.

WIECHERT, J. (2005): Bartagamen in der tierärztlichen Praxis. – DRACO 6(2): 74–82.

WILKE, A. (1994): My prison companions. – Monitor: J. Vic. Herp. Soc. Inc., Ardeer, 6(2): 81–84.

WILLIAMS, L.E. (1964): Incubation of lizards' eggs. – South Aust. Nat., Adelaide, 38(4): 65.

WILMS, T. (2001): Dornschwanzagamen – Freilandbeobachtungen, Pflege und Zucht. – Herpeton-Verlag, Offenbach, 142 S.

– (2004): Terrarieneinrichtung. Grundlagen, Materialien, Methoden. – Natur und Tier - Verlag, Münster, 127 S.

– (2005): Vorstellung einer Gemeinschaftsanlage zur Haltung australischer Echsen im Reptilium Landau. – DRACO 6(2): 38–46.

– & K. GRIEßHAMMER (2005): Grundlagen der Haltung von *Pogona vitticeps*. – DRACO 6(2): 20–27.

WILSON, S. (2005): A field guide to reptiles of Queensland. – Reed New Holland, Sydney, 256 S.

– & G. SWAN (2003): A Complete Guide to Reptiles of Australia. – Reed Books Holland, Sydney, 480 S.

WILSON, S.K. & D.G. KNOWLES (1988): Australia's Reptiles. – William Collins, Sydney, 477 S.

WITTEN, G.J. (1983): Some Karyotypes of Australian agamids (Reptilia: Lacertilia). – Aust. J. Zool., Melbourne, 31: 533–540.

– (1985): Relativ Growth in Australian Agamid Lizards: Adaption and Evolution. – Aust. J. Zool., Melbourne, 33: 349–362.

– (1993): Family Agamidae. – S. 240–252 in: GALSBY, C.J., G.J.B. ROSS, G.F. WATSON & M. DAVIES (Hrsg.): Fauna of Australia. Vol. 24. Amphibia & Reptila. – Austr. Govern. Publ. Service, Canberra.

– (1994a): Taxonomy of *Pogona* (Reptilia: Lacertilia: Agamidae). – Mem. Queensl. Mus., Brisbane, 37(1): 329–343.

– (1994b): Relativ growth in *Pogona* (Reptilia: Lacertilia: Agamidae). – Mem. Queensl. Mus., Brisbane, 37(1): 345–356.

– & A.J. COVENTRY (1990): Small *Pogona vitticeps* (Reptilia: Agamidae) from the Big Desert, Victoria, with notes on other *Pogona* populations. – Proc. Roy. Soc. Vic., Melbourne, 102: 117–120.

WOINARSKI, J.C.Z. (1992): Biogeography and conservation of reptiles, mammals and birds across north-western Australia: an inventory and base for planning an ecological reserve system. – Wildlife Research, Collingwood, 19(6): 665–705.

WOLF, P., C. WENDLER & J. KAMPHEUS (2001): Sepiaschalen in der Ziervögelfütterung – immer noch up to date? – GW, Stuttgart, 125(5): 196–198.

WOOD, P.G. & C.B. DANIELS (1996): Factors affenting and filling pressures in the lung of the lizard *Pogona vitticeps*. – Resp. Physil., Amsterdam, 103(2): 203–209.

–, L.K. ANDREW, C.B. DANIELS, S. ORGEIG & C.T. ROBERTS (1997): Autonomic control of the pulmonary surfactant system and lung compliance in the lizard. – Phys. Zool., Chicago, 70(4): 444–455.

WOOLLEY, S.C., J.T. SAKATA & D. CREWS (2004): Evolution insights into the regulation of courtship behavior in male amphibians and reptiles. – Phys. Beh., San Antonio, 83: 347–360.

WORRELL, E. (1963): Reptiles of Australia. – Angus and Robertson, Sydney, 207 S.

WOTHERSPOON, A.D. (2007): Ecology and management of Eastern Bearded Dragon *Pogona barbata*. – Subm. im part fulfilment of the degree of Doctor of Philosophy, University of Western Sydney, Richmonds, 384 S.

WROBEL, M. & G. CREBER (1996): Elsevier's Dictonary of Plant Names in Latin, English, French, German and Italian. – Elsevier, London, 925 S.

ZEITHAMMER, J. (1968): Ein „Barbarossa“ im Terrarium, die Bartagame (*Amphibolurus barbatus*). – Aquarien Magazin, Bornheim, 2: 102.

ZIETZ, F.R. (1920) Catalogue of Australian Lizards. – Rec. South Aust. Mus., Adelaide, 1: 181–228.

ZIMMERMAN, A. (1995): Australia's inland bearded dragon (*Pogona vitticeps*). – San Diego Herp. Soc. Newsletter, San Diego, 17(7): 1–3.

ZIMMERMANN, E. (1980): Durch Nachzucht erhalten: Bartagamen. – Aquarien Magazin, Bornheim, 14: 86–94.

– (1983): Das Züchten von Terrarientieren. – Franckh'sche Verlagshandlung, Stuttgart, 238 S.

ZIMMERMANN, H. (1974): Letzte Rettung: der Kaiserschnitt, Zeitigung und Geburt der Bartagamen - *Amphibolurus barbatus*. – Aquarien Magazin, Bornheim, 8: 451–454.

ZOFFER, D. & T. MAZORLING (1998): Bearded & Frilled Dragons. – T.F.H. Publications, 64 S.

ZUG, G.R., L.J. VITT & P. CALDWELL (2001): Herpetology: An Introductory Biology of Amphibians and Reptiles. – Academic Press, Orlando, 630 S.

ZURR, D. (2000): Untersuchungen zum Erregerspektrum von Grünen Leguanen (*Iguana iguana*) mit Abszesserkrankungen unter Berücksichtigung der Haltungsbedingungen. – Inaugural-Dissertation, Tierärztliche Hochschule Hannover, 157 S.

ZWINENBERG, A.J. (1971): The bearded dragon *Amphibolurus barbatus*. – Herp, 7(3–4): 25–27.

– (1977a): Die Bartagame (*Amphibolurus barbatus*). – Aquaria, St. Gallen, 24(9): 157–164.

– (1977b): The Bearded Dragon. – Bull. Chi. Herp. Soc., Chicago, 12(4): 93–98.

– (1980): Die Bartagame *Amphibolurus barbatus*. – herpetofauna, Weinstadt, 8(9): 8–11.

22. Stichwortverzeichnis

* hinter der Seitenziffer verweisen auf ausführliche Beschreibungen, fette Zahlen verweisen auf Abbildungen

NTV

Leben mit Bartagamen
L. Palika

208 Seiten, 71 Abbildungen
Format: 16,8 x 21,8 cm
ISBN 978-3-931587-72-7

19,80 €

Bartagamen und Kragenechsen
A. Hauschild, H. Bosch

96 Seiten, 83 Abbildungen
Format: 16,8 x 21,8 cm
ISBN 978-3-931587-17-8

19,80 €

Terrarieneinrichtung
T. Wilms

128 Seiten, 181 Fotos, 1 Tabelle
Format: 16,8 x 21,8 cm
ISBN 978-3-931587-90-1

19,80 €

Nur in artgerecht eingerichteten Terrarien fühlen sich Ihre Pfleglinge wirklich wohl, zeigen das gesamte Verhaltensspektrum und pflanzen sich auch fort. Der erfahrene Praktiker und DRACO-Redakteur Thomas Wilms erläutert in diesem wegweisenden Standardwerk nicht nur biologische Hintergründe, sondern bietet auch und vor allem detaillierte, leicht nachvollziehbare und ausführlich bebilderte Schritt-für-Schritt-Anleitungen für den Eigenbau sämtlicher Einrichtungsgegenstände – von Kunstfelsen über Rückwände bis hin zu Bachlauf und Wasserfall.

Art für Art
64 Seiten, Format: 14,8 x 21 cm
je 9,80 €

Preiswert und in rundum hoher Qualität:
Art für Art stellen Ihnen die Bücher dieser Reihe die beliebtesten Terrarientiere vor. Jed Band bietet detaillierte, praxisnahe Pflegeanleitungen, und Sie finden alle Information die Sie brauchen, um Ihre Tiere erfolgreich zu vermehren. Wichtige Fragen, von c erforderlichen Beckengröße über die Terrarieneinrichtung, die technische Ausstattung, c artgerechte Ernährung bis zur Vorbeugung von Krankheiten, werden mit zahlreichen Tric und Kniffen beantwortet. Erfahrene, langjährige Züchter verraten, wie Sie die Tiere z Fortpflanzung bewegen und die Jungtiere gesund aufziehen können.
Das alles durchgängig farbig, großzügig bebildert und attraktiv gestaltet nur über Terrarientier – Art für Art!

Natur und Tier - Verlag Gmb

An der Kleimannbrücke 39/41 · D-48157 Münster · Tel.: 0251-13339-0 · Fax: 0251-13339-3
E-Mail: verlag@ms-verlag.de · Home: www.ms-verlag.